U0624005

少年儿童成长百科 **ZHIWU TIANDI**

植物天地

张　哲◎编著

中国出版集团　现代出版社

图书在版编目（CIP）数据

植物天地 / 张哲编著.—北京：现代出版社，2012.12
（少年儿童成长百科）
ISBN 978-7-5143-0909-6

I. ①植… II. ①张… III. ①植物—少儿读物 IV. ①
Q94-49

中国版本图书馆 CIP 数据核字（2012）第 274875 号

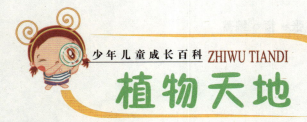

作 者	张 哲	
责任编辑	袁 涛	
出版发行	现代出版社	
地 址	北京市安定门外安华里 504 号	
邮政编码	100011	
电 话	(010) 64267325	
传 真	(010) 64245264	
电子邮箱	xiandai@cnpitc.com.cn	
网 址	www.modernpress.com.cn	
印 刷	汇昌印刷（天津）有限公司	
开 本	700×1000 1/16	
印 张	10	
版 次	2013 年 1 月第 1 版 2021 年 3 月第 3 次印刷	
书 号	ISBN 978-7-5143-0909-6	
定 价	29.80 元	

前言
QIANYAN

　　从懂事的那天起，孩子们的脑子里就产生了许多疑问与好奇。宇宙有多大？地球是从哪里来的？人是怎么来到这个世界上的？船为什么能在水上行走？海洋里的动物是什么样的？还有没有活着的恐龙？动物们是怎样生活的？植物又怎么吃饭？

　　只靠课本上的知识，已经远远不能满足孩子们对大千世界的好奇心。现在，我们将这套"少年儿童成长百科"丛书奉献给大家，包括《宇宙奇观》《地球家园》《人体趣谈》《交通工具》《海洋精灵》《恐龙家族》《动物乐园》《植物天地》《科学万象》《武器大全》十本。本丛书以殷实有趣的知识和生动活泼的语言，解答了孩子们在日常生活中的种种疑问，引导读者在轻松愉快的阅读中渐渐步入浩瀚的知识海洋。

目录 MULU

什么是植物

植物被称作"不会说话的生命"，是自然界里的一大家族。人们通常将植物分成藻类植物、苔藓植物、蕨类植物、裸子植物和被子植物几大类。

植物的足迹

植物在地球上的许多地区都有分布，无论高山平原、江河湖海，还是沙漠荒滩，到处都能见到它们的足迹。

▲ 满山遍野的植物

小档案

我们周围有许多种类的植物，植物可以适应很多地区的自然条件。

植物的分类

世界上的植物共有40多万种，它们分为不结种子的孢子植物和结种子的裸子植物和被子植物。孢子植物包括藻类、苔藓、蕨类植物。它们的植株只有根、茎、叶，不开花，没有果实和种子，靠孢子繁殖后代。

形形色色的根

根 通常生长在地下，负责吸收土壤里面的水分和营养物质，并输送给植物的茎和叶等。它们就像无数双脚爪，牢牢地抓住泥土，使植物可以屹立不倒。

呼吸根

有些生长在沼泽地带的植物，根向上生长伸出淤泥，暴露在空气中，这样的根就叫呼吸根。在我国美丽富饶的海南岛上，有一大片"红树林"，它的根就是典型的呼吸根。

↑ 菟丝子

菟丝子

菟丝子是一种令人讨厌的寄生植物，它的根与众不同，在顶端处有一个小的凸起，变成了一种吸器，因此称为吸根。

气生根

róng shù de gēn fēi cháng qí tè　cóng shù gàn hé shù zhī shang
榕树的根非常奇特，从树干和树枝上

zhǎng chū lái　yuè zhǎng yuè cháng　yǒu de xuán guà zài bàn kōng zhōng
长出来，越长越长，有的悬挂在半空中，

yǒu de yǐ jīng chuí xià lái shēn jìn tǔ rǎng　yóu yú zhè zhǒng gēn zài
有的已经垂下来伸进土壤。由于这种根在

gāng gāng zhǎng chū lái shí dōu piāo chuí zài kōng zhōng　yīn cǐ　wǒ men
刚刚长出来时都飘垂在空中，因此，我们

jiào tā qì shēng gēn
叫它气生根。

榕树在枝干上生长很多须根扎入泥土，使一棵树变成一片树林，形成热带雨林里"独树成林"的奇观。

小档案

现代农业的无土栽培技术可以让根在离开土壤的条件下生长。

贮藏根

yǒu xiē zhí wù de gēn tè bié féi dà　rú wǒ men cháng chī
有些植物的根特别肥大，如我们常吃

de luó bo　zhè zhǒng gēn jiào zuò ròu zhì gēn huò zhě zhù cáng gēn　tā
的萝卜，这种根叫做肉质根或者贮藏根。它

chú le néng xī shōu shuǐ fèn hé kuàng wù zhì wài　hái yǒu zhù cún yíng
除了能吸收水分和矿物质外，还有贮存营

yǎng wù zhì de tè shū gōng néng
养物质的特殊功能。

贮藏根

植物天地

输送营养的茎

茎 是植物的重要组成部分。普通植物的茎能够笔直地在地面上挺立，茎枝上长着叶子、花和果实。同时，茎作为根和叶子的联系通道，来回输送水分和养料。

变态茎

在自然界中，有些植物的茎干因为特性的变异而发生了变化，成了变态茎。例如，洋葱头和百合的茎叫鳞茎，马铃薯和山芋等的茎叫块茎，而荸荠的茎是球茎。

小档案

好吃的藕是荷花的地下茎，但是许多人都把它误认为是荷花的根。

↖ 百合

↖ 洋葱

千姿百态的茎

有的植物的茎喜欢站得直直的，叫做直立茎；有的茎喜欢趴在地面上，叫做匍匐茎；也有的茎喜欢沿着篱笆、墙壁向高处攀爬，叫做攀援茎。

空心茎

有些植物的茎是空心的，如小麦、竹子、蒲公英等，它们茎的中间部分都退化了，可以把更多的营养让给茎干边上的细胞吸收，让它们长得结结实实。

▲ 牵牛花的攀援茎

▲ 竹子的空心茎

会变色的叶子

在 秋高气爽的时节，我们经常可以看见一些树木的叶子变成了漂亮的红色或者黄色，原来叶子的颜色都是由它所含有的各种色素来决定的。

变色的秘密

叶子产生花青素的能力与它周围环境急骤变化的程度有关，如寒流霜冻的袭击，就有利于叶子形成较多的花青素。

小档案

红叶中的花青素在酸性溶液中变红，在碱性溶液中则会变成紫蓝色。

树叶由绿变

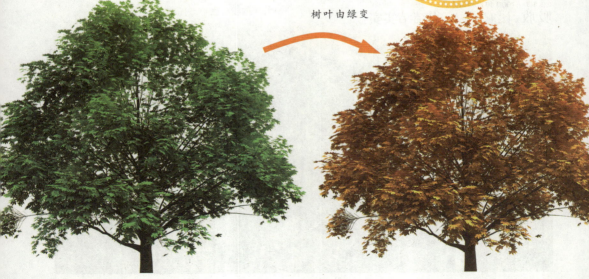

香山红叶

北京的香山红叶是一种叫作黄栌树的叶子，它并非所有的叶子都那么鲜红，也有橙色的、黄色的，还没有变成红色就被秋风吹落了。

黄栌是我国重要的观赏红叶树种，叶片秋季变红，鲜艳夺目，著名的北京香山红叶就是本树种。

▼ 枫叶
▼ 红叶树

红叶树

秋天，山上的叶子往往比平地上红得早，这是因为山上的昼夜温差比较大，有利于叶子里糖分的积累，产生的花青素比较多。除了黄栌以外，江南一带的枫树，到了秋天，叶子变红了，很美丽。

7

姿态各异的花

花是植物的生殖器官，由花萼、花冠、雄蕊和雌蕊4部分组成。许多植物都会开出鲜艳、芳香的花朵，它可以为植物繁殖后代。

1. 柱头 2. 花柱 3. 雄蕊 4. 花丝 5. 花瓣

花药

花药是雌蕊顶端膨大的部分。一个成熟的花药通常分成两瓣，每一瓣是一个花粉囊，它就像一个花粉的工厂和仓库，担负起制造和贮存花朵的使命。

雄蕊

成熟的雄蕊能产生花粉和精子，成熟雌蕊中的胚珠里有卵细胞。它们经过传粉和受精，就会发育出胚，成长为新一代的植株体。

花朵的颜色

huā de yán sè zhōng hán yǒu huā qīng sù　　tā néng
花的颜色中含有花青素，它能
shǐ huā rǎn shàng hóng sè　　lán sè huò zǐ sè　　cǐ
使花染上红色、蓝色或紫色，此
wài　　huā zhōng hái hán yǒu yì zhǒng shǐ huā biàn chéng huáng
外，花中还含有一种使花变成黄
sè de lèi hú luó bo sù　zài bù tóng de huán jìng xià
色的类胡萝卜素。在不同的环境下，
zhè liǎng zhǒng sè sù xiāng hù pèi hé　　jiù xíng chéng le
这两种色素相互配合，就形成了
wǔ yán liù sè de huā duǒ
五颜六色的花朵。

▶ 五颜六色的花

小档案

花朵的形状是人
们用来辨认植物的重
要依据。许多花的名字
都是由形状而来的。

花序

yì zhū zhí wù kě yǐ kāi yì duǒ huò xǔ duō duǒ huā　　rú guǒ xǔ
一株植物可以开一朵或许多朵花，如果许
duō xiǎo huā àn zhào yí dìng shùn xù pái liè zài huā zhī shang　jiù jiào huā xù
多小花按照一定顺序排列在花枝上，就叫花序。

▲ 倒挂金钟

保护种子的果实

果 实是植物的花经过传粉受精后，由雌蕊的某一部分发育而成的器官。果实的外表通常有果皮包着，果皮的里面则是用来传宗接代的种子。

果实的种类

由于果实的类型很多，植物学家把它们归为3大类，即单果、聚合果和聚花果，其中单果的形态变化最复杂，因此又可以分成许多较小的类型。

↑ 樱桃

↑ 杏

"育儿房"

植物开花以后，花瓣枯萎凋落，幼果便从雌蕊处萌育出来。如果把整棵植物看成是一座大厦的话，那么果实就是专门用来生育新生儿的产房。

❀ 输送营养

guǒ shí de yì duān lián
果实的一端连

zhe guǒ bǐng　guǒ bǐng hǎo xiàng
着果柄，果柄好像

yì gēn bǔ rǔ guǎn　yuán yuán
一根哺乳管，源源

bú duàn de bǎ jīng gàn li de
不断地把茎干里的

shuǐ fèn hé yǎng liào shū sòng dào
水分和养料输送到

zhǒng zi yǐ jí guǒ shí de qí
种子以及果实的其

tā bù fen
他部分。

▲ 梨

小档案

果实成熟以后，如
果不及时采摘，果柄的
细胞开始衰老，果实就
会自己掉下来。

◀ 向日葵

❀ 单果和聚花果

duō shù zhí wù de huā zhǐ yǒu yí gè cí
多数植物的花只有一个雌

ruǐ　xíng chéng yí gè guǒ shí　suǒ yǐ chēng wéi
蕊，形成一个果实，所以称为

dān guǒ　dān guǒ fēn wéi ròu zhì guǒ hé gān guǒ
单果。单果分为肉质果和干果。

cháng jiàn de ròu zhì guǒ yǒu fān qié　gān jú
常见的肉质果有番茄、柑橘、

xī guā hé mí hóu táo děng　cháng jiàn de gān guǒ
西瓜和猕猴桃等；常见的干果

yǒu wān dòu　　yù mǐ　xiàng rì kuí hé bǎn lì
有豌豆、玉米、向日葵和板栗

děng　jù huā guǒ shì yóu xǔ duō huā de zǐ fáng
等。聚花果是由许多花的子房

jí qí tā huā qì guān gòng tóng xíng chéng de guǒ
及其他花器官共同形成的果

shí rú sāng shèn　wú huā guǒ　bō luó děng
实，如桑葚、无花果、菠萝等。

11

植物天地

四处旅行的种子

zǐ jiān fù zhe zhí wù chuánzōng jiē dài de zhòng rèn　zhǒng zǐ yǒu zhǒngzhǒng shì yú
种子肩负着植物传宗接代的重任，种子有种种适于

chuán bō huò dǐ kàng bù liáng tiáo jiàn de jié gòu　wèi zhí wù de zhǒng zú yán xù
传播或抵抗不良条件的结构，为植物的种族延续

chuàng zào le liáng hǎo de tiáo jiàn
创造了良好的条件。

白色绒球

pú gōngyīng de guǒ shí shangyǒu yì céngpéngsōng de bái sè róngmáo　zhè xiē róngmáo jù jí zài yì qǐ
蒲公英的果实上有一层蓬松的白色绒毛，这些绒毛聚集在一起，

jù chéng yí gè bái sè de róng qiú　dāngfēngchuī lái shí　róng qiú bèi chuī sàn　tā menbiàn suí zhe fēngpiāo
聚成一个白色的绒球，当风吹来时，绒球被吹散，它们便随着风飘

sàn dào sì miàn bā fāng
散到四面八方。

蒲公英

★ 动物的佳肴

许多植物的果实中的种子往往有坚硬的外壳，防止动物们消化掉。动物吞食了果实以后，种子就随着动物的粪便一起排出，粪便还成了帮助种子萌发的肥料。

◀ 小松鼠的无心播种

★ 莲蓬

荷花的果实是莲蓬，成熟时漂浮在水面上，随波逐流，把种子带到远方。等莲蓬腐烂了，种子也就沉到水底，到第二年春天便长出新的植物。

小档案

喷瓜的果实成熟后，里面的种子会自动向外喷射五六米远，力量大极了。

▲ 莲蓬

植物的一生

wù zài fā yù chéng shú hòu huì bǎo chí yí dìng de tǐ xíng bù zài zhǎng dà
动物在发育成熟后，会保持一定的体型不再长大，
ér zhí wù zé bù duàn de shēngzhǎng zhí dào sǐ wáng zhí wù cóngzhōng zi méng
而植物则不断的生长，直到死亡。植物从种子萌
fā dào kū wěi sǐ wáng kě suàn zuò yí gè shēngmìngzhōu qī
发到枯萎死亡，可算做一个生命周期。

★ 一年生植物

yǒu de zhí wù zài yì nián huò zhě gèngduǎn de shí jiān
有的植物在一年或者更短的时间
nèi jiù wánchéng le shēngmìng de quánguòchéng tā men
内，就完成了生命的全过程。它们
de shēngmìngzhōu qī cóngzhōng zi méng fā kāi shǐ rán hòu
的生命周期从种子萌发开始，然后
xíng chéng yòu miáo jīng shēngzhǎng fā yù hòu kāi huā
形成幼苗，经生长发育后，开花、
shòu fěn chǎnshēng xīn yí dài de guǒ shí zhǒng zi zuì
授粉，产生新一代的果实、种子，最
hòu zhí zhū kū wěi sǐ wáng
后植株枯萎死亡。

生长在野外的苍耳是一年生植物，它的种子上长满了小刺。

胡萝卜

★ 二年生植物

yǒu xiē zhí wù zài liǎng gè shēngzhǎng jì jié nèi
有些植物在两个生长季节内
wánchéng qí fā yá shēngzhǎng kāi huā jiē guǒ
完成其发芽、生长、开花、结果、
sǐ wáng de quánguòchéng tā men bèi chēng wéi èr nián
死亡的全过程，它们被称为二年
shēng zhí wù bǐ rú hú luó bo hé tián cài děng
生植物，比如胡萝卜和甜菜等。

桃树的一生

桃树是喜光的树种，分枝力强，生长快，它的生命周期一般为20～50年。它的树龄越大，枝杈越多，树冠也越大。

小档案

一年生植物通常会开出更多的花朵，因而更适合园艺栽培。

▲ 可口的桃子

玉米的一生

玉米是一年生禾本科草本植物，也是全世界总产量最高的粮食作物。大多数的玉米都是春天播种、秋天收获的。

多年生植物

那些寿命较长，能活3年以上的植物叫多年生植物。它们从种子萌发到长出幼苗，再经过几年的营养生长，才能发育成熟，开花结果。

▼ 玉米

种子的成长

种子萌发的过程十分有趣，种子吸收到足够的水分后，内部的幼胚细胞不断分裂，越长越大，终于把紧裹在外面的种皮涨破，并长出幼根和子叶。

顽强的生命力

刚刚萌发的种子幼根朝下，伸向泥土，而子叶却向上，慢慢破土而出，长成一棵嫩绿可爱的幼苗，去迎接最受植物欢迎的阳光。虽然新长出的幼苗看上去很柔弱，但是却蕴藏着顽强的生命力。

▲ 幼苗的成长过程

小档案

一棵幼苗破土而出时，甚至可以顶翻压在它上面的一块大石头。

适宜的温度

zhǒng zi méng fā yào xiān xī zú shuǐ fèn   yǒu de xī shuǐliàng
种子萌发要先吸足水分，有的吸水量

shèn zhì chāoguò zì shēnzhòngliàng de yí bèi   méng fā shí zhōu wéi huán
甚至超过自身重量的一倍。萌发时周围环

jìng de wēn dù yě hěn zhòng yào   gè zhǒng bù tóng de zhǒng zi jūn
境的温度也很重要，各种不同的种子均

yǒu shì yí zì jǐ méng fā de wēn dù
有适宜自己萌发的温度。

最大的种子

shì jiè shang zuì dà de zhǒng zi shì yì zhǒng jiào hǎi yē zi de
世界上最大的种子是一种叫海椰子的

zhí wù de zhǒng zi   měi yī lì zhǒng zi jìng yǒu   qiān kè zhòng
植物的种子，每一粒种子竟有 18 千克重，

chà bu duō hé yí gè lán qiú yí yàng dà
差不多和一个篮球一样大。

🍂 海椰子的种子

重要条件

zhǒng zi méng fā shì zhí wù de yòu pēi huī fù shēngzhǎng   pēi gēn hé pēi yá tū pò zhǒng pí bìngxiàng
种子萌发是植物的幼胚恢复生长，胚根和胚芽突破种皮并向

wài shēnzhǎn de guòchéng   yào wánchéng zhè ge guòchéng   xū yào yǒu   gè bù kě quēshǎo de tiáo jiàn   nà
外伸展的过程。要完成这个过程，需要有 3 个不可缺少的条件，那

jiù shì shuǐ fèn   wēn dù hé yǎng qì
就是水分、温度和氧气。

🍂 刚刚出土的水仙

种子的传播

在 大自然中植物要生存发展，就会想尽办法来繁衍自己的后代。每种植物都有让自己的种子"旅行"的特殊本领，使得种子可以广为传播，生生不息。

▲ 凤仙花种子的传播是完全依靠自身的力量完成的。

自体传播

一些植物依靠自身传播种子，被称为自体传播。这种植物的果实或种子本身具有重量，成熟后，果实或种子会因重力作用直接掉落地面，随着时间的流逝而慢慢腐烂进入土壤，待到来年再发芽、结果。

喷射传播

在夏末初秋时，当你走进野草丛生的山野，时常会听到"噼啪""噼啪"的响声，有时甚至会受到突然袭击。原来这是一些植物的果实已经成熟，由于果皮的爆裂，产生出一种弹力，把种子弹射出去，以这种方式传播种子的植物有大豆、绿豆和豌豆等。

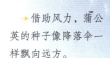

→借助风力，蒲公英的种子像降落伞一样飘向远方。

借风传播

tōng guò fēng lì chuán bō zhǒng zi de zhí wù yì bān lái
通过风力传播种子的植物，一般来
shuō tā men de zhǒng zi duō bàn xì xiǎo qīng yíng nénggòu xuán fú
说，它们的种子多半细小轻盈，能够悬浮
zài kōng qì zhōng bèi fēng dài dào hěn yuǎn de dì fang pú gōng yīng
在空气中，被风带到很远的地方。蒲公英、
yáng shù liǔ shù děng zhí wù de zhǒng zi jiù shì zhè zhǒng chuán bō
杨树、柳树等植物的种子就是这种传播
fāng shì de diǎn xíng dài biǎo
方式的典型代表。

→椰子靠水传播种子

小档案

靠水传播种子的种皮常具有丰厚的纤维质，可防止种子因吸水而腐烂或下沉。

靠水传播

shēng zhǎng zài shuǐ lǐ huò shuǐ biān de zhí wù
生长在水里或水边的植物，
dà duō shì kào shuǐ lái chuán bō zhǒng zi de lì
大多是靠水来传播种子的。例
rú dāng yē zi de guǒ shí chéng shú hòu diào zài hǎi
如，当椰子的果实成熟后掉在海
lǐ tā jiù xiàng pí qiú yí yàng piāo zài shuǐ miàn
里，它就像皮球一样漂在水面
shang yì lún yì lún de hǎi cháo huì bǎ tā chōng
上，一轮一轮的海潮会把它冲
dào àn shang shēng gēn fā yá zhǎng chū xīn de
到岸上，生根发芽，长出新的
xiǎo yē zi shù
小椰子树。

植物的生长

每当春天来临时，植物体内的活动转为旺盛。树木纷纷发芽，绿叶一片片地扩展开来，种子也冲破外壳，开始它们的新生活。

成长条件

自然界有那么多种植物，每种植物生长所需的环境都是不同的。但阳光、水分、温度、土壤和生长空间等都会影响植物的生长。

生长必需

植物生长需要大量的水、二氧化碳和无机盐，另外，植物生长需要不断从外界摄取各种营养元素，如碳、氢、氧、氮、磷、钾等。其中，碳、氢、氧可以从空气中的二氧化碳和土壤里的水分中获得，除部分地区缺乏个别微量元素外，一般土壤里都供给有余。

↑ 在植物的成长过程中水是不可缺少的。

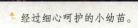

↑ 经过细心呵护的小幼苗。

叶的生长

zhí wù de yè zi shì
植物的叶子是
yóu yè yuán jī fā yù ér
由叶原基发育而
chéng de　　yè yuán jī xíng
成的。叶原基形
chéng hòu　xià bù fā yù
成后，下部发育
wéi tuō yè　shàng bù fā
为托叶，上部发
yù wéi yè piàn yǔ yè bǐng
育为叶片与叶柄。

→生长
在南方的
红枫树。

芽的生长

zhí wù de zhǔ gàn hé
植物的主干和
cè zhī dōu shì yóu yá fā yù chéng de　　zhǔ gàn tōng cháng shì yóu zhǒng
侧枝都是由芽发育成的：主干通常是由种
zi de pēi yá fā yù chéng de　　cè zhī shì yóu zhǔ gàn shang de yá
子的胚芽发育成的；侧枝是由主干上的芽
fā yù chéng de　　duō nián shēng zhí wù de yá　　yì bān zài chūn jì
发育成的。多年生植物的芽，一般在春季
zhǎn kāi　suí jí yòu kāi shǐ xíng chéng xīn yá　　xīn yá dào dì èr
展开，随即又开始形成新芽，新芽到第二
nián chūn jì cái zhǎn kāi
年春季才展开。

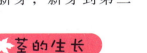

小档案

对一些植物播放
适当的音乐，会促进它
们的生长。

茎的生长

zhí wù de jīng zhī chēng zhe zhěng gè zhí wù tǐ　　jīng shēng zhǎng
植物的茎支撑着整个植物体。茎生长
zuì xiǎn zhù de bù fen shì tā de dǐng duān huì bú duàn de yán shēn　yīn wèi
最显著的部分是它的顶端会不断地延伸，因为
jīng de dǐng duān shì shēng zhǎng diǎn suǒ zài de zēng shēng zǔ zhī　xīn de xì
茎的顶端是生长点所在的增生组织，新的细
bāo huì zài zhè lǐ bù duàn bèi zhì zào chū lái　　rú guǒ jīng bù de shēng
胞会在这里不断被制造出来。如果茎部的生
zhǎng diǎn shòu dào shāng hài　　nà jīng de shēng zhǎng jiù huì tíng zhǐ　dàn
长点受到伤害，那茎的生长就会停止，但
shì bù jiǔ zhī hòu　cóng shāng kǒu chù hái huì zhǎng chū xǔ duō fēn zhī
是不久之后，从伤口处还会长出许多分枝。

↑ 发了芽的洋葱

开花结果

许多植物在成长到一定阶段时，就会绽放出美丽的花朵，继而再结出果实。其实，开花和结果现象是许多高等植物繁衍下一代的重要环节。

五颜六色的花

植物的花五颜六色，让人眼花缭乱。花的颜色是由花瓣细胞里的色素决定的，它们的种类、含量及酸碱度等因素的共同作用形成了花的不同颜色。

美丽的花朵

许多昆虫都是植物传播花粉的好帮手。

传粉和受精

植物在开花前，先会长出花苞，然后才形成美丽的花儿。开花后，只有经过传粉和受精，才能产生种子，繁衍后代。

一朵完整的花

yì duǒ wánzhěng de huā bāo kuò le   gè
一朵完整的花包括了6个
jī běn bù fen   jí huāgěng   huā tuō   huā
基本部分，即花梗、花托、花
è   huāguān   xióng ruǐ qún hé cí ruǐ qún
萼、花冠、雄蕊群和雌蕊群。
qí zhōng huāgěng yǔ huā tuō xiāngdāng yú zhī de
其中花梗与花托相当于枝的
bù fen   qí yú   bù fen xiāngdāng yú zhī shang
部分，其余4部分相当于枝上
de biàn tài yè   cháng hé chēngwéi huā bù
的变态叶，常合称为花部。

苹果树开的花为白色，并具有淡淡的清香。

小档案

并不是所有的花
都是香的，像著名的大
王花就是臭的。

传粉

chuán fěn shì zhǐ xióng ruǐ huā yào zhōng de chéng shú huā fěn   lì
传粉是指雄蕊花药中的成熟花粉粒
chuánsòng dào cí ruǐ zhù tóu shang de guòchéng   yǒu zì huā chuán fěn
传送到雌蕊柱头上的过程。有自花传粉
hé yì huā chuán fěn liǎngzhǒng fāng shì   fēng hé kūnchóng shì huā fěn
和异花传粉两种方式。风和昆虫是花粉
chuán bō de hǎobāngshǒu
传播的好帮手。

植物的受精

shòu jīng shì zhǐ jīng zǐ yǔ luǎn xì
受精是指精子与卵细
bāoróng hé xíngchéngshòu jīng luǎn de guò
胞融合形成受精卵的过
chéng   xǔ duō shí hou   wèi le fáng zhǐ
程。许多时候，为了防止
zì ránchuán fěn bù zú de qíngkuàng   kě
自然传粉不足的情况，可
tōngguò rén gōng de fāng fǎ gěi zhí wù jìn
通过人工的方法给植物进
xíng fǔ zhù shòu fěn   ràng zǐ fáng zhú jiàn
行辅助授粉，让子房逐渐
fā yù chéngwéi guǒ shí
发育成为果实。

人工授粉

 植物天地

植物的四季

自 然界中植物的生长与气候有很密切的关系，只要在合适的条件下，它们就能够蓬勃地生长。大多数植物都是在温暖的春天里成长，在寒冷的冬天里休息。

春暖花开

春天，随着气温的升高、降雨的增多，植物生长的温度、湿度条件都很好地具备了，于是它们便开始发芽、成长，五颜六色的花朵竞相开放，大地也披上了嫩绿的新衣裳。

春天到了，百花盛开，大地一片生机盎然。

▲ 石榴花

炎炎夏日

到了炎热的夏天，草木的叶子变成了浓绿色。荷花、石榴花等就在这个季节里开放，麦子也在这个季节成熟了。

小档案

冬天，松树的叶子表面常常覆盖着一层蜡质层，用来给树木保暖，抵御严寒。

▼ 秋天树叶飘落，风景依旧迷人。

收获金秋

秋天是丰收的时节，大多数植物的叶子开始变颜色，有红色的、黄色的、褐色的，风轻轻一吹就落了下来，这是植物适应季节气候的表现，也是一种很好的自我保护措施。

隆冬时节

冬天里，树木的叶子都掉光了，只剩下光秃秃的树枝，植物开始准备过冬了。

植物的寿命

真要比起来，植物可比动物长寿多了。植物界老寿星的年龄往往能长达数百、上千年，特别是那些高大乔木，因为它们生长极为缓慢，所以寿命也很长。

寿命有长短

我们常见的松柏类植物，针叶纤细，水分不易蒸发，虽然生长缓慢，但生命力强，经过几十年甚至上百年的生长，能长成参天大树。而一般草本植物的寿命就比较短暂了，只能活几个月到十几年。

▲ 松树

寿命最短的植物

生长在沙漠中的短命菊只能活几星期。沙漠中长期干旱，短命菊的种子在稍有雨水的时候，就赶紧萌芽生长、开花结果，赶在大旱到来之前，匆忙地完成它的生命周期，不然它就要"断宗绝代"。

花的寿命

植物的寿命有长短，花的寿命也不相同。花中的老寿星，要数热带的一种兰花，可以盛开80天左右。鹤望兰可以开40天左右，蟹爪花能开20天左右，丁香、迎春、山桃等，每朵花开10天左右，而我国著名的牡丹花，花期不过几天。

▲ 鹤望兰

◀ 狐尾松

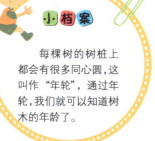

小档案

每棵树的树桩上都会有很多同心圆，这叫作"年轮"，通过年轮，我们就可以知道树木的年龄了。

最长寿的树木

现存的世界上最长寿的树是一株生活在美国加利福尼亚的狐尾松，今年已经有4700多岁了。人们叫它"玛士撒拉"，因为"玛士撒拉"是《圣经》中的一位非常高寿的人物。

植物的防卫

植物在遇到敌人时无法像动物那样逃跑，所以，为了生存，植物在进化过程中也逐渐具备了防御敌害的本领，那就是形形色色的防卫和伪装技术。

"伪装"本领

"伪装"是植物在长期的进化过程中逐渐形成的一项本领，这对于它们的生存与繁殖有重大意义。有的植物为吓唬食草动物，就让自己长得很恐怖；有的植物为吸引昆虫传粉，就把自己扮成昆虫的样子。

生石花状如彩石，被誉为有"有生命的石头"。

沙漠里那些馋嘴的动物对长满刺的仙人掌和仙人球只能望而生畏。

▶蝎子草的茎和叶表面生有许多细刺，如果不小心碰到它，皮肤会像得了荨麻疹一样，又痒又起疙瘩。

变化多端的防卫术

yǒu wèi kē xué jiā fā xiàn　sān jiǎo yè
有位科学家发现，三角叶
yáng de mǒu xiē shù zhī yè piàn hán dú liàng shì
杨的某些树枝叶片含毒量是
pángbiān shù zhī de　bèi．zhèyàngbiàn qū
旁边树枝的72倍，这样便驱
shǐ zhòngduō de yá chóngzhuǎn zhì wú dú de yè
使众多的蚜虫转至无毒的叶
piànshang mì shí　guò yí huì ér　shù mù
片上觅食，过一会儿，树木
huì zuò chū fǎn yìng　tuō luò zhè xiē yè zi
会做出反应，脱落这些叶子，
jiè cǐ bǎ hài chóngpāo diào
借此把害虫抛掉。

物理防卫和化学防卫

zhí wù de wù lǐ fáng wèi bāo kuò jiān
植物的物理防卫包括尖
cì　jīng jí hé pí cì zhèyàng de wǔ qì
刺、荆棘和皮刺这样的武器，
lìng yì xiē zhí wù shǐ yòngduōzhǒngduō yàng
另一些植物使用多种多样
de huà xué fáng wèi cuò shī　　shēnghuà
的化学防卫措施——"生化
wǔ qì　lái bǎo hù zì jǐ
武器"来保护自己。

小档案

植物的防御手段是通过遗传和变异，由自然选择而逐步演化而来的。

▲ 能分泌黏液的桃树

光合作用

每一片绿叶中都含有叶绿体，这些叶绿体能借助太阳光的能量，把二氧化碳和水加工成碳水化合物并释放出氧气，这就是我们所说的光合作用。

光合作用

植物在阳光下进行光合作用来进行呼吸，释放出氧气，并吸收空气中的二氧化碳。对于绿色植物来说，在阳光充足的白天，它们将利用阳光的能量来进行光合作用，以获得生长发育必需的养分。

阳光不仅仅是人类所必需的，我们身边的植物朋友也需要它。

神奇的叶绿体

植物进行光合作用的关键参与者，就是叶子内部的叶绿体。叶绿体在阳光的作用下，把经由气孔进入叶子内部的二氧化碳和由根部吸收的水转变成为葡萄糖，同时释放氧气。

藻类的光合作用

红藻、绿藻、褐藻等真核藻类也具有叶绿体，因而也能进行产氧光合作用。很多藻类的叶绿体中还具有其他不同的色素，赋予了它们不同的颜色。

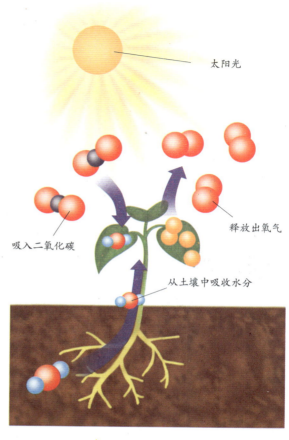

太阳光

释放出氧气

吸入二氧化碳

从土壤中吸收水分

植物光合作用示意图

小档案

万物生长靠太阳，如果没有太阳，地球上便不会有生命。

温室植物的生长

温室是农业生产的场所，在利用温室生产时，人们常向温室施放适量的二氧化碳，这是因为植物的光合作用需要二氧化碳，使用二氧化碳可促进光合作用的进行，更有利于植物的生长。

呼吸作用

人类需要呼吸才能生存，其实，植物的生存也离不开呼吸。呼吸作用是高等植物代谢的重要组成部分，与植物的生命活动关系密切。

重要意义

呼吸作用能为生物体的生命活动提供能量，还能为体内其他化合物的合成提供原料。呼吸过程中产生的中间产物，又能成为合成体内一些重要化合物的原料。

植物也需要呼吸。

呼吸作用分类

植物的呼吸作用根据是否需要氧气，分为有氧呼吸和无氧呼吸，高等植物的呼吸作用主要是有氧呼吸。

植物的有氧呼吸是通过叶片中的气孔吸入氧气的。

植物通过有氧呼吸消耗有机物产生能量，供给植株。

无氧呼吸

无氧呼吸广泛存在于植物体内。如种子在萌发的初期，在一定限度内可进行无氧呼吸，产生酒精，从而获得能量。高等植物的无氧呼吸除生成酒精以外，也能产生乳酸。如马铃薯块茎、胡萝卜叶在进行无氧呼吸时，就产生乳酸。

有些菌类也能进行无氧呼吸。

小档案

晚上，阳光没有了，光合作用停止，这时，植物就只进行呼吸作用。

意义重大

植物呼吸代谢受着内、外多种因素的影响。呼吸作用影响植物生命活动的全局，因而植物呼吸与农作物栽培、育种和种子、果蔬、块根块茎的贮藏都有着密切的关系。

发酵技术

人们利用呼吸的作用研发了发酵技术。我们熟知的利用酵母菌发酵制造啤酒、果酒；利用乳酸菌发酵制造奶酪和酸牛奶等就是这方面的例子。

啤酒

蒸腾作用

téng zuò yòng shì shuǐ fèn cóng huó de zhí wù tǐ biǎomiàn yǐ shuǐzhēng qì zhuàng tài sàn
蒸腾作用是水分从活的植物体表面以水蒸气状态散
shī dào dà qì zhōng de xiànxiàng shì lǜ sè zhí wù de yí xiàngzhòng yào de shēng
失到大气中的现象，是绿色植物的一项重要的生
lǐ huódòng yě wèi dà qì tí gōng le dà liàng de shuǐzhēng qì
理活动，也为大气提供了大量的水蒸气。

蒸腾方式

yòu xiǎo de zhí wù bào lù zài dì shàng bù fen de quán bù biǎomiàn dōu néngzhēngténg zhí wù zhǎng dà
幼小的植物暴露在地上部分的全部表面都能蒸腾；植物长大
hòu jīng zhī biǎomiànxíngchéng mù shuān wèi mù shuānhuà de bù wèi yǒu pí kǒng kě yǐ jìn xíng pí kǒngzhēng
后，茎枝表面形成木栓，未木栓化的部位有皮孔，可以进行皮孔蒸
téng chéngzhǎng zhí wù de zhēngténg bù wèi zhǔ yào zài yè piàn
腾；成长植物的蒸腾部位主要在叶片。

气孔的魅力

zhí wù tǐ de biǎomiàn yǒu
植物体的表面有
xǔ duō qì kǒng tā men bù tíng
许多气孔，它们不停
de jìn xíngzhēngténg bù tóng zhí
地进行蒸腾。不同植
wù yè miànshang qì kǒng de shùliàng
物叶面上气孔的数量
hé wèi zhì yě bù tóng lù dì
和位置也不同。陆地
zhí wù qì kǒngduōcáng zài yè miàn
植物气孔多藏在叶面
bèi miàn ér shuǐmiànshang de zhí
背面，而水面上的植
wù qì kǒng zé duō fēn bù zài yè
物气孔则多分布在叶
miànshang
面上。

🍁 阳光下的幼苗

由蒸腾作用损失的水分

吸力　　　毛细管作用

由根毛吸收的水分

植物的蒸腾作用

叶片蒸腾

叶片蒸腾有两种方式：一是通过角质层的蒸腾，叫作角质蒸腾；二是通过气孔的蒸腾，叫作气孔蒸腾，气孔蒸腾是植物蒸腾作用的最主要方式。

小档案

在一定的范围内，温度越高，光照强度越大，蒸腾作用强度越大；反之就越小。

影响蒸腾的外界因素

影响植物蒸腾的外界因素很多，主要包括光照、水分、温度、风和空气中二氧化碳的浓度等。

小草在烈日照射下水分不断蒸腾，需要不断给它补充水分。

藻类植物

藻 类是地球上最早出现的植物。它虽然结构简单，不会开花结果，甚至缺乏真正的根、茎、叶，但通体都能进行光合作用，是大气中氧气的重要来源。

生活环境

藻类大多生活在水中，少数生活在潮湿的土壤、岩石壁和树皮等处，有些还可生于积雪线以上，还有一些与某些真菌、苔藓、蕨类以及裸子植物共生，甚至有极少数还和草履虫、海葵等动物共生。

生长在海底的藻类像是为海底铺上了一张柔软的绿毯。

八大类别

gēn jù yán sè xíng zhuàng shēng zhí fāng shì děng tè zhēng xiàn
根据颜色、形状、生殖方式等特征，现

dài xué zhě bǎ zǎo lèi dà gài fēn
代学者把藻类大概分

wéi dà lèi bié qí zhōng yǐ
为8大类别，其中以

lǜ zǎo hóng zǎo hé hè zǎo zuì
绿藻、红藻和褐藻最

wéi cháng jiàn
为常见。

小档案

硅藻分布广泛，种类繁多，有海洋的"草原"之称。

▶绿藻

鲜美的紫菜

zǐ cài shēng zhǎng zài qiǎn hǎi yán jiāo shang
紫菜生长在浅海岩礁上，

shì yì zhǒng hóng zǎo lèi zhí wù zǐ cài de yán
是一种红藻类植物。紫菜的颜

sè yǒu hóng zǐ lǜ zǐ jí hēi zǐ děng dàn
色有红紫、绿紫及黑紫等，但

gān zào hòu de zǐ cài quán dōu huì chéng xiàn chū zǐ
干燥后的紫菜全都会呈现出紫

sè zǐ cài wèi dao xiān měi yíng yǎng fēng fù
色。紫菜味道鲜美，营养丰富，

shēn shòu rén men de xǐ ài
深受人们的喜爱。

▶紫菜

海带

wǒ men píng cháng shí yòng de
我们平常食用的

hǎi dài shì hè zǎo lèi de yì zhǒng
海带是褐藻类的一种。

hǎi dài shēng zhǎng zài hǎi dǐ de yán
海带生长在海底的岩

shí shang xíng zhuàng xiàng dài zi
石上，形状像带子，

tā de hán diǎn liàng zài suǒ yǒu shí
它的含碘量在所有食

wù zhōng míng liè dì yī hào chēng
物中名列第一，号称

diǎn de cāng kù
"碘的仓库"。

▶海带

地衣植物

在 海拔几百米甚至几千米的高山岩石上，常能看到一些黄绿色、灰褐色或橘色的斑点，这就是地衣。地衣能生活在各种环境中，被称为"植物界的拓荒先锋"。

地衣的构造

在地衣结构中，地衣体的上下皮层均由菌丝交织而成。有的地衣体结构比较复杂，分为上皮层、光合生物层、髓层、下皮层和假根。有的地衣体结构层次比较简单，只有上下皮层和中间的菌丝组织。

动物饲料

在我国东北大兴安岭的鄂温克族和北欧的一些国家和地区，人们把地衣像割草一样收割起来，作为饲养动物的冬季饲料。

← 岩石上的地衣

生存环境

地衣可以生活在干旱和寒冷的环境中。大多数地衣都是喜光植物，它们的生存还需要新鲜空气，因此，在人烟密集的城市或有污染的工业区很难见到地衣植物。

地衣在严酷恶劣的环境中也能生存。

小档案

地衣植物能分泌地衣酸，腐蚀岩石，促进岩石变为土壤。

地衣的分类

全世界约有 25 000 余种地衣植物，按它们的形态，基本可分为具有色彩的壳状地衣、呈叶片状的叶状地衣以及直立或下垂生长的枝状地衣 3 种。

身份模糊

地衣不能算是严格意义上的植物，因为真菌占了地衣构成的大部分。大多数地衣数年才长到几厘米，但它们的寿命却极长。

显微镜下的地衣

苔藓植物

苔藓植物是一类非常低等的植物。它们没有真正的根，也没有花和果实，经由孢子来繁殖。它们一般生长在阴湿的环境中，静静地绽放出独特的魅力。

特征明显

苔藓植物的植株大都十分矮小，几乎都只有几厘米长，最高也只有数十厘米。因为它们的受精过程离不开水，所以苔藓植物大多喜欢生长在阴暗潮湿的环境中，多生长在阴湿的石面、泥土表面、树干或枝条上。

树上的苔藓，虽然它们个子不高，但覆盖的面积却很大。

对土壤的作用

tái xiǎn zhí wù cháng cháng chéng cóng fù gài zài dì miàn
苔藓植物常常成丛覆盖在地面
shang kě jiǎn shǎo yǔ shuǐ duì tǔ rǎng de chōng shuā qǐ zhe
上，可减少雨水对土壤的冲刷，起着
hán yǎng shuǐ fèn de zuò yòng yǒu xiē tái xiǎn zhí wù
涵养水分的作用。有些苔藓植物
zhǐ néng shēng cháng zài suān xìng huò jiǎn xìng de tǔ rǎng
只能生长在酸性或碱性的土壤
zhōng jù yǒu zhǐ shì tǔ rǎng xìng zhì de zuò yòng
中，具有指示土壤性质的作用。

🍁 石头表面附生的苔藓植物

特殊的"容器"

tái xiǎn de bāo shuò xiàng yí gè jiā gài zi de xiǎo róng qì lǐ miàn zhuāng mǎn le chéng shú de bāo zǐ
苔藓的孢蒴像一个加盖子的小容器，里面装满了成熟的孢子，
bāo shuò chéng shú hòu shàng miàn de gài zi huì zì dòng dǎ kāi bāo zǐ biàn fēi le chū qù
孢蒴成熟后，上面的盖子会自动打开，孢子便飞了出去。

小档案

消毒后的泥炭藓
还有一种特殊的作
用，它们可以用来代
替药棉。

苔藓植物的分类

tái xiǎn zhí wù kě yǐ fēn wéi tái hé xiǎn liǎng dà lèi tái lèi zhí
苔藓植物可以分为苔和藓两大类。苔类植
wù de shēn tǐ tōng cháng chéng biǎn píng zhuàng tiē zhe dì miàn shēng zhǎng
物的身体通常呈扁平状，贴着地面生长，
duō chéng lǜ sè xiǎn lèi zhí wù zé dà duō shù dōu yǒu lüè wéi míng xiǎn de
多呈绿色；藓类植物则大多数都有略为明显的
jīng hé yè zi bǐ zhí de xiàng shàng shēng zhǎng zhe chú le lǜ sè hái
茎和叶子，笔直地向上生长着，除了绿色还
yǒu huī lǜ sè hé zǐ hēi sè
有灰绿色和紫黑色。

🍁 苔藓植物比蕨类植物要矮小。

蕨类植物

蕨类植物是没有花的植物，但它是所有依靠孢子进行繁殖的植物中最高等、最进化的一类，它们绝大多数生活在热带雨林地区。

羊齿植物

蕨类植物是地球上最早出现的陆生植物类群，具有4亿多年的悠久历史。由于蕨类中的许多种类叶片细裂如羊齿，所以又被广泛地称为"羊齿植物"。

外部形态

在外部形态上，蕨类植物一般都长着拳头般卷曲的幼叶，叶背上有许多棕色虫卵状的结构，特别是在叶柄基部还有一些棕色披针形的毛状结构。

桫椤繁盛于中生代侏罗纪时期，是当时草食性恐龙的重要食物。

★ 肾蕨

肾蕨也称"蜈蚣草"，原产于热带及亚热带地区。它是多年生草本植物，叶子翠绿光滑，四季常青，是制作花篮和插花极好的配叶材料。

▲ 肾蕨

小档案

铁线蕨的名字源于它的叶柄细长坚硬似铁线。

★ 满江红

满江红是生长在水田或池塘中的小型浮水植物。春季时为绿色，在水面上长成一大片，秋后叶色变红，形成大片水面被染红的景观，故名满江红。

★ 无处不在

除了大海里、深水底层、寸草不生的沙漠和长期冰封的陆地外，蕨类植物几乎无处不在。它们有的长在石头缝隙或石壁上，有的在地表匍匐或直立生长。

▲ 生长在密林中的蕨类植物

裸子植物

　　wù wáng guó dāng zhōng　　yǒu yí lèi zhí wù yòng lái fán yù hòu dài de zhǒng zi shì
植 物王国当中，有一类植物用来繁育后代的种子是
méi yǒu bèi guǒ pí bāo zhe de　　wǒ men bǎ zhè xiē luǒ lù zhe zhǒng zi de zhí wù
没有被果皮包着的，我们把这些裸露着种子的植物
chēng wéi　　luǒ zǐ zhí wù　　luǒ zǐ zhí wù shì zuì yuán shǐ de zhǒng zǐ zhí wù
称为"裸子植物"，裸子植物是最原始的种子植物。

🍁用种子繁殖

luǒ zǐ zhí wù chū xiàn yú gǔ shēng dài　　zhōng shēng
裸子植物出现于古生代，中生
dài zuì wéi fán shèng　　hòu lái yóu yú huán jìng de biàn huà
代最为繁盛，后来由于环境的变化，
zhú jiàn shuāi tuì　　luǒ zǐ zhí wù de yōu
逐渐衰退。裸子植物的优
yuè xìng zhǔ yào biǎo xiàn zài yòng zhǒng zi fán
越性主要表现在用 种子繁
zhí shang　　tā shì dì qiú shang zuì zǎo yòng
殖上，它是地球上最早用
zhǒng zi jìn xíng yǒu xìng fán zhí de zhí wù
种子进行有性繁殖的植物。

← 松树

🍁无花无果

luǒ zǐ zhí wù shì zhǒng zi zhí wù zhōng jiào dī jí de yí
裸子植物是种子植物中较低级的一
lèi　　tā men dōu shì mù běn　　duō shù wéi zhí gēn xì　　zhǔ yào
类。它们都是木本，多数为直根系，主要
shì fēng méi chuán fěn　　luǒ zǐ zhí wù méi yǒu zhēn zhèng de huā　　yě
是风媒传粉。裸子植物没有真正的花，也
bù xíng chéng guǒ shí
不形成果实。

← 南洋杉

针叶林

针叶林一般是由裸子植物组成，针叶林树木的叶子大多尖尖的，很细小，像针一样，所以得名。一般来讲，针叶林是寒温带的地带性植被，是分布最靠北的森林。其中松树、柏树和杉树等都是常见的针叶树树种，它们的外形像一座尖尖的三角形宝塔。

▲ 葱郁茂密的云杉繁殖成林。

小档案

裸子植物云杉是中国特有的树种，它们大多分布在中国西部。

森林中的大多数

裸子植物在当今占据了大约 80% 的地球森林资源，但种类只有800多种，是植物界中种类最少的。

铁树开花

铁树是现存于地球上最古老的种子植物，多生长在热带地区。这种植物在气温、水肥适宜条件下，需20年左右才会开花，因开花时间过久，所以有"千年铁树一开花"之说。

▲ 铁树的花不是真正的花，只能叫雄花序或雌花序。

被子植物

被子植物又叫绿色开花植物，是植物界最高级的一类，是地球上最完善、适应能力最强、出现得最晚的植物，几乎能适应任何环境。

植物界的强者

被子植物属种多、数量大，自新生代以来一直居于植物界的优势地位。被子植物具有真正的花且形成果实；种子包在果皮里，在繁殖的过程中能受到更好地保护，使得被子植物适应环境的能力更强。

↑ 美丽的
桔梗花

桔梗花

桔梗是双子叶植物，花朵含苞时如僧帽，开后似铃铛。它的根是著名中药，可医治伤风、咳嗽。

☆ 种类

被子植物根据它们种子内子叶的数目，可以分为双子叶植物和单子叶植物两大类。例如我们常见的蚕豆属于双子叶植物。而玉米、水稻等种子里的胚只有一片子叶，因此属于单子叶植物。

▲ 我们常吃的大米就来源于水稻，它在植物王国中也属于被子植物。

☆ 菊科植物

菊科是被子植物中种类最多的一科。它最重要的特征是由许多小花簇拥在一起形成美丽的头状花序，使昆虫很容易发现传粉的目标。

▲ 菊花

草原植物

zhǎng zài cǎo yuán de zhí wù zhǒng lèi xiāng dāng fù zá　　jiù suàn jí xiǎo de yí gè
生长在草原的植物种类相当复杂，就算极小的一个
qū yù nèi　　yě yǒu xǔ duō bù tóng de zhí wù　　cǎo diàn　cǎo běn　guàn
区域内，也有许多不同的植物，草甸、草本、灌
mù　　yě shēng huā huì mì bù qí zhōng
木、野生花卉密布其中。

畜牧场所

fēng chuī cǎo dī xiàn niú yáng　shì cǎo yuán shang zuì měi de jǐng xiàng zhī yī　yīn wèi cǎo yuán shang shèng
"风吹草低见牛羊"是草原上最美的景象之一。因为草原上盛
chǎn xǔ duō yíng yǎng jià zhí gāo　shì kǒu xìng qiáng de mù cǎo　suǒ yǐ shì shì jiè shang zuì zhòng yào de shēng chù
产许多营养价值高、适口性强的牧草，所以是世界上最重要的牲畜
fàng mù chǎng
放牧场。

小档案

金合欢在澳大利亚被誉为国花，当地居民喜欢将其种在房屋周围。

▲ 美丽的大草原

纺锤树

纺锤树生长在南美洲的巴西高原上，它们两头尖细，中间膨大，就像是一个大纺锤。

雨季时，它吸收大量水分，贮存起来，到干季时来供应自己的消耗。另外，纺锤树还可以为荒漠上的旅行者提供水源。

纺锤树的大肚子最多可贮水达2吨。

金合欢树

金合欢树是非洲热带稀树大草原上的优势树种，它是一种落叶小乔木，花是橙黄色的，盛开时好像金色的绒球一般。

金合欢树

金莲花

草原植物金莲花因为色泽金黄，又被称为"鸡蛋黄花"。金莲花是一种很名贵的中药材，具有清热降火的独特功效。

金莲花

高山植物

生长在高山上的植物为了适应高山的恶劣环境，一般都体积矮小，茎叶多毛，有的还匍匐着生长或者像垫子一样铺在地上，成为所谓的"垫状植物"。

根系发达

大多数高山植物有粗壮深长而柔韧的根系，它们常穿插在砾石、岩石的裂缝之间或粗质的土壤里吸收营养和水分，以适应高山粗疏的土壤和在寒冷、干旱环境下生长发育的要求。

三色堇

高山植物三色堇的花形如蝶，所以又叫"蝴蝶花"。

因为三色堇花的颜色通常是蓝、黄和白色三色，因此得到这样一个贴切的名称。

高山植物三色堇

葱郁的高山植物

有趣的植物家族

火绒草

瑞士国花火绒草属于高山植物，它有一个常见的名字叫"雪绒花"。火绒草生于岩石间，它的叶子和花朵都是白色的。

➤ 雪绒花

小档案

高山植物石韦因为喜欢生长在山坡岩面和石缝中而得名。

不畏严寒

大多数高山植物都能抵抗严寒，这是因为它们的体内含有丰富的糖分，汁液中含糖量越高，冰点就越低，这样，即使在零下几十摄氏度的冰雪严寒中，也不至于被冻僵。

雪莲

雪莲是高山植物重要的代表之一，它个头不高，茎、叶密生厚厚的白色绒毛，既能防寒，又能保温，还能反射掉高山阳光的强烈辐射，免遭伤害。雪莲是一种名贵药材，它的整个植株晒干后都可以入药。

➤ 雪莲

51

极地植物

北冰洋和南极大陆气候寒冷、多风干燥，环境条件非常严酷，不过仍然有些植物在这里顽强地生存着，我们将其称为极地植物。

极地植物的特点

极地植物生长的地带温度较低，因此生长期短。它们一般叶子较小，由于含有花色素，多数呈红色。纬度越高，一年生植物越少，而多年生植物却会增加。

在北极的植物中，地衣的数量最多。

生长缓慢

由于北极的地下形成了永久冻土，仅在夏季上面浅浅的土壤才融化，北极植物的根便只好在此扎根。另外，北极土壤的垂直排水能力很低，缺乏足够的氧气和营养，所以植物的生长极其缓慢。

极地柳

北极辣根菜

生活在北极的辣根菜能忍受−46℃的低温，即使它的花和嫩果被冻结，到了第二年春天，照样可以继续发育结果，堪称"抗寒英雄"。此外，辣根菜还可以作为抗坏血病的药物。

▲ 北极辣根菜

小档案

北极植物花的特点是大部分花向着太阳开放，并呈杯型。

美丽的花朵

在条件严酷的极地地区还生长着一些美丽的花朵，它们在夏天气温升高时长得很旺盛，还能开出大型而鲜艳美丽的花朵，如北极地区的大勿忘我、仙女木、罂粟花等。

▲ 妖艳的罂粟花

热带雨林植物

地 处赤道地区的热带雨林，因为温暖的气候和充沛的雨量，孕育了种类繁多的植物，在这里，各种植物交错生长，共同组成庞大而神秘的雨林生物群落。

种类庞杂

热带雨林的树木很高大、种类也很丰富，而且大树底下的草本、藤本、寄生等植物交错生长在一起，结构庞大而复杂。

热带雨林主要分布在赤道附近，常年气候炎热、雨水充足，生长着茂密的树木。

附生植物

附生植物是热带雨林中一个奇特美丽的景观。许多不同的树干和藤萝上挂满了形形色色、琳琅满目的小型植物，花季时一株树上繁花似锦、五彩缤纷，犹如一个"空中花园"。

▲ 藤本植物

藤本植物

热带雨林中有一种靠缠绕或攀援于其他树木支撑自己躯干的植物，叫藤本植物。它们通常都有长蛇似的身躯，从一棵树爬到另一棵树，从下面爬到树顶，又从树顶垂挂而下，交错缠绕。

"绿金之国"

非洲中西部的加蓬共和国号称"绿金之国"，因为这里的土地有 3/4 被热带雨林覆盖，几乎全部的国土都被森林覆盖着。

面包树

面包树是生活在热带雨林中的一种常绿乔木，每年11月至次年7月连续花开不断，随后便挂上圆形的果实。这种果实成熟后会变成黄色，好像树上悬挂着一个个烤熟的面包，味道非常鲜美。

→ 面包树

小档案

热带雨林中有一些参天大树的树干基部会长出板状根。

沙漠植物

沙漠的气候特别干燥炎热，那里有些地方甚至整年不下雨。因此，沙漠植物都有一套对付干旱的方法，它们擅长用自己特殊的器官来贮存水分。

发达的根系

为了面对沙漠极度干旱的状况，沙漠里的植物大多数都有发达的根系，以增加对沙土中水分的吸取。

小档案

天宝花素有"沙漠玫瑰"之称，原产于非洲的肯尼亚、坦桑尼亚。

难得一见的仙人掌开花。

骆驼刺

骆驼刺

wú lùn shēng huó huán jìng rú hé è liè
无论生活环境如何恶劣，
luò tuó cì dōu néng wán qiáng de shēng cún xià lái bìng
骆驼刺都能顽强地生存下来并
kuò dà zì jǐ de shì lì fàn wéi　wèi le shì
扩大自己的势力范围。为了适
yìng gān hàn de huán jìng　luò tuó cì jǐn liàng shǐ
应干旱的环境，骆驼刺尽量使
dì miàn zhí zhū zhǎng de ǎi xiǎo　tóng shí jiāng páng
地面植株长得矮小，同时将庞
dà de gēn xì shēn shēn zhā rù dì xià
大的根系深深扎入地下。

仙人掌

shēng huó zài shā mò zhōng de xiān rén zhǎng
生活在沙漠中的仙人掌，
yǒu zhe jīng rén de nài hàn néng lì　zhè shì yīn
有着惊人的耐旱能力，这是因
wèi tā men yǒu tè shū de zhù cún shuǐ fèn de běn
为它们有特殊的贮存水分的本
lǐng　xiān rén zhǎng de yè zi tuì huà chéng zhēn
领。仙人掌的叶子退化成针
cì zhuàng　kě yǐ dà dà jiǎn shǎo shuǐ fèn zhēng
刺状，可以大大减少水分蒸
téng de miàn jī
腾的面积。

胡杨

hú yáng cháng shēng zhǎng zài shā mò zhōng
胡杨常生长在沙漠中，
shì huāng mò dì qū tè yǒu de zhēn guì sēn lín zī
是荒漠地区特有的珍贵森林资
yuán　tā duì yú wěn dìng huāng mò hé liú dì
源。它对于稳定荒漠河流地
dài de shēng tài píng héng　fáng fēng gù shā　tiáo
带的生态平衡，防风固沙，调
jié lǜ zhōu qì hòu hé xíng chéng féi wò de sēn lín
节绿洲气候和形成肥沃的森林
tǔ rǎng　jù yǒu shí fēn zhòng yào de zuò yòng
土壤，具有十分重要的作用。

胡杨

湿地植物

湿地是地球上有着多功能的、富有生物多样性的生态系统，是人类最重要的生存环境之一。湿地植物则泛指生长在湿地环境中的植物。

湿地植物的分类

从生长环境看，湿地植物可以分为水生、沼生、湿生3类；从植物生活类型看，可以分为挺水型、浮叶型、沉水型和漂浮型；如果从植物生长类型看，可以把湿地植物分为草本类、灌木类和乔木类。

▼ 生长在海滨的红树林，也是湿地植物的一种。

国家保护物种

zhōngguó shī dì zhí wù zhōng yǒu   zhǒng guó jiā yī jí bǎo
中国湿地植物中有6种国家一级保
hù yě shēng zhí wù   zhōnghuá shuǐ jiǔ   kuān yè shuǐ jiǔ   shuǐ
护野生植物：中华水韭、宽叶水韭、水
sōng   shuǐshān   chún cài   cháng huì máo gèn zé xiè   hái yǒu
松、水杉、莼菜、长喙毛茛泽泻；还有
zhōngguó jiā èr jí bǎo hù yě shēng zhí wù
11种国家二级保护野生植物。

桐花树

tóng huā shù shì
桐花树是
cháng jiàn de hóng shù lín
常见的红树林
shī dì zhí wù   dà duō
湿地植物，大多
fēn bù zài tān tú de wài
分布在滩涂的外
yuánhuò hé kǒu de jiāo huì
缘或河口的交汇
chù   tā de yè bǐng dài
处。它的叶柄带
yǒu hóng sè   yè miàn
有红色，叶面

桐花树

cháng jiàn pái chū de yán   tónghuā shù de yè zi bú dàn shì
常见排出的盐。桐花树的叶子不但是
jiào hǎo de sì liào   ér qiě hái shì hěn hǎo de mì yuán
较好的饲料，而且还是很好的蜜源。

净化作用

→ 湿地植物

shī dì zhí wù chú le nénggòu zhí jiē gěi rén lèi
湿地植物除了能够直接给人类
tí gōnggōng yè yuán liào   shí wù   guānshǎnghuā huì
提供工业原料、食物、观赏花卉、
yào cái děng   hái zài shī dì shēng tài xì tǒngzhōng fā huī
药材等，还在湿地生态系统中发挥
guān jiàn zuò yòng   yóu qí shì rén gōng shī dì zhí wù de
关键作用，尤其是人工湿地植物的
jìng huà zuò yònggèng shì bù róngxiǎo qù
净化作用更是不容小觑。

水生植物

植 物学上把一般能够长期在水中或水分饱和土壤中正常生长的植物称为水生植物。根据它们的分布状况，分为沉水植物、浮水植物、出水植物3类。

睡莲

睡莲是水生花卉中的名贵品种，它的花朵会随着太阳的起落而变化。夏天的清晨，睡莲会把花瓣慢慢展开，当太阳落下时，它又会把花瓣渐渐关闭，睡莲也因此而得名。

▲ 美丽的睡莲

↑ 菱角

"水中落花生"

菱是一种浮水植物，有"水中落花生"之称，它的果实叫"菱角"。"菱角"有尖尖的硬角，能保护自己不被鱼类吃掉。

凤眼莲

凤眼莲喜欢生长在浅水而土质肥沃的池塘里，它的茎叶悬垂于水上。因为它的花呈多棱喇叭状，花瓣上生有黄色斑点，看上去像凤眼而得名。

芦苇

芦苇是一种多年水生或湿生的高大禾草，生长在沟渠旁和河堤沼泽等地。芦苇的茎是中空的，地下茎或根系没于水底的淤泥中，而植物的上半部分和叶子生长在水面以上。芦苇除了是重要的造纸原料外，还可用于编织。

↑ 生长在水边的芦苇。

苔原植物

苔原植物主要分布在北冰洋周围沿岸，是寒带植物的代表。苔原植物多为多年生的常绿植物，包括针叶灌木、坚硬扁平的小灌木以及石南型的灌木等。

特点鲜明

苔原植物多数为常绿植物，这些常绿植物在春季可以很快地进行光合作用，不必消耗很多时间便可形成新叶。北极多数植物矮小，许多植物紧贴地面匍匐生长，这是抗风、保温及减少植物蒸腾的适应手段。

牛皮杜鹃

牛皮杜鹃为常绿灌木，在许多高山苔原带上均有分布。每年8月，牛皮杜鹃开始形成花芽，由于寒冷气候的限制，所以直到第二年的6月它的花才逐渐盛开。

日本山上盛开的紫色牛皮杜鹃

★ 适应环境

苔原地区的环境对一般植物来说，可谓恶劣至极。然而，一些生长在极地苔原的植物却对其生长的环境有了很多特殊的适应。

小档案

虽然苔原植物生长非常缓慢，但却会开出大型鲜艳的花朵。

★ 松毛翠

松毛翠分布于长白山高山苔原带，并在欧洲、俄罗斯和北美洲的北极高寒地区也有分布。松毛翠为常绿灌木，它的外形与草本植物极其相似，这是许多高海拔山顶植物生态适应性的表现。松毛翠的花芽在秋末开始形成，到第二年春末夏初继续发育，于6月末开始开花。

生长在长白山苔原带的松毛翠

竹林植物

竹子四季常青，挺拔秀丽，是世界上重要的植物资源。全世界竹类植物约有1 200多种，主要分布在热带及亚热带地区，少数竹类分布在温带和寒带。

生活习性

竹类生长快速，有的一天之内能长一米以上，在仅仅两三个月内就可以完全发育，以后便不再长高或长粗，永远保持这种大小，一直到枯死。竹子的生命周期不长，等到竹子老的时候，就会开花，然后枯死，这样是为了要淘汰老竹子，保存新株，以促进竹林的成长生命力。

▽竹林

凤尾竹

凤尾竹原产于我国广东、广西、四川、福建等地，江浙一带也有栽培，地栽、盆栽均可。凤尾竹株丛密集，竹竿矮小，枝叶秀丽，常用于盆栽观赏，点缀小庭院和居室，也可用于制作盆景或作为低矮绿篱材料。

佛肚竹

佛肚竹又称佛竹，它的枝叶四季常青，其节间膨大，形状好似佛肚一样，所以得名佛肚竹。佛肚竹为我国广东特产，是盆栽和制作盆景的良好材料。

🌱 佛肚竹

湘妃竹

湘妃竹又叫"斑竹""泪竹"，生长于我国湖南等地，它的竿部生黑色斑点，常用于园林绿化中，其竿可制作工艺品。湘妃竹是园林中优良的观赏竹种。

🌱 湘妃竹

针叶林植物

由 裸子植物组成的针叶林是现存面积最大的森林。一般来讲，针叶林是寒温带的地带性植被，是分布最靠北的森林。

★ 最大的原始针叶林

横跨欧、亚、北美大陆北部的针叶林属寒带和寒温带地区的地带性森林类型，是世界最大的原始针叶林，也是世界最主要的木材生产基地。

▼ 西伯利亚针叶林带

冷杉树

冷杉树是典型的暗针叶林植物，主要分布于欧洲、亚洲、北美洲、中美洲及非洲最北部的亚高山至高山地带。冷杉是耐阴性很强的树种，喜冷和空气湿润的地方，具有独特的观赏特性和园林用途。

↑ 冷杉

小档案

北美红杉和黄杉是两种世界上最高大的针叶树木。

落叶松

落叶松为松科落叶松属的落叶乔木，是我国东北地区主要三大针叶用材林树种之一。落叶松喜欢阳光充足而较干旱的环境，冬季落叶后林下充满阳光，因此落叶松林是典型的"明亮针叶林"。

针叶林的分布

针叶林广泛分布于世界各地，以北半球为主。北以极地冻原为界，南接针阔混交林。其中由落叶松组成的称为明亮针叶林，而以云杉、冷杉为建群树种的称为暗针叶林。

↑ 落叶松

常绿阔叶林植物

常绿阔叶林植物是亚热带湿润地区由常绿阔叶树种组成的地带性森林类型。这类森林的叶片通常是常绿的，且排列方向与太阳光线垂直。

常绿阔叶林的分布

常绿阔叶林是亚热带海洋性气候条件下的森林，分布在南、北纬22°~34°之间。在中国，以长江流域南部的常绿阔叶林最为典型，面积也最大。

终年常绿的常绿阔叶林

桂花树

桂花树为常绿阔叶乔木，高可达15米，树冠可覆盖400平方米。桂花树适应于亚热带气候的广大地区，它终年常绿，枝繁叶茂，秋季开花，黄白色的小花极为芳香，可谓"独占三秋压群芳"。

繁花盛开的桂花树，花香特别宜人。

樟树

樟树是属于樟科的常绿性乔木，高可达 50 米，树龄成百上千年，可称为参天古木，也是优秀的园林绿化林木。樟树在春天新叶长成后，前一年的老叶才开始脱落，所以一年四季都呈现绿意盎然的景象。

▲ 樟树

小档案

樟树是樟科常绿大乔木，别名本樟、香樟、乌樟、栳樟、樟仔。

丰富的生物资源

一般来说，常绿阔叶林区的生物资源都比较丰富。野生动物、鸟类和各种爬行动物活跃在林间，重要代表有熊猫、金丝猴、华南虎、白鹇、白颈长尾、眼镜蛇以及蟒蛇和大壁虎等。

▲ 常绿阔叶林

落叶阔叶林植物

落叶阔叶林因为冬季落叶、夏季葱绿，也称"夏绿林"。落叶阔叶林的树木都具有较宽的叶片，树干也有很厚的树皮，能很好地适应冬季寒冷的环境。

分布区域

落叶阔叶林植物几乎完全分布在北半球受海洋性气候影响的温暖地区。这些地方一年四季分明，夏季炎热多雨，冬季寒冷。中国的落叶阔叶林主要分布在东北地区的南部和华北各省等地区。

小档案

落叶阔叶林分布区，一年四季分明，夏季炎热多雨，冬季寒冷。

落叶阔叶林

白桦树

白桦是典型的落叶阔叶林植物，它的树干笔直修长，姿态优雅迷人，是很好的园林绿化树种。另外，白桦树还是一种速生树种，尤其是在幼年时期，每年可以长高1米左右，因而很快就能成材，为人类的建筑事业作贡献。

← 生长在我国西北的白桦树

水曲柳

水曲柳是古老的残遗植物，属于国家二级重点保护野生植物。水曲柳属于落叶大乔木，幼年时外皮光滑，但成龄后就会产生粗细相间的纵裂，是我国东北、华北地区的珍贵用材树种。

→ 水曲柳

神奇的食虫植物

大家都知道，植物能进行光合作用，为自己制造"粮食"，但有一类与众不同的植物，却能用身体的某个部分将昆虫消化吸收。这类神奇的植物也叫食虫植物。

🐦 猪笼草

猪笼草的内壁很光滑，虫子一不小心落下去就会一下子滑到底部，被黏液粘住。这时，无论什么样的虫子，都不可能再爬出去了，只能被猪笼草"肚子"里的消化液消化掉。

← 猪笼草

小档案

毛毡苔爱吃蛋白质，不吃油脂，如果把一小块肥肉放在上面，几天都不会被消化掉。

瓶子草

píng zi cǎo de bǔ chóng yè xiàng xì cháng de huā
瓶子草的捕虫叶像细长的花
píng zài jiē jìn dǐ bù de nèi bì chù zhǎng zhe xǔ duō
瓶，在接近底部的内壁处长着许多
dào cì shǐ luò rù píng zi dǐ de kūn chóng wú fǎ xiàng
倒刺，使落入瓶子底的昆虫无法向
shàng pá chū táo shēng
上爬出逃生。

狸藻

shuǐ zhōng de ròu shí zhí wù jiào lí zǎo tā
水中的肉食植物叫狸藻。它
píng shí piāo fú zài shuǐ miàn shang yǒu xǔ duō xì xì
平时漂浮在水面上，有许多细细
de yè zi yè zi páng biān zhǎng zhe xǔ duō luǎn xíng
的叶子，叶子旁边长着许多卵形
de xiǎo kǒu dai zhuān mén yòng lái bǔ zhuō xiǎo chóng zi
的小口袋，专门用来捕捉小虫子。

生长环境

ròu shí zhí wù shēng zhǎng de dì fang duō shù shì jīng cháng bèi yǔ shuǐ chōng shuā huò zhě quē shǎo kuàng wù zhì
肉食植物生长的地方多数是经常被雨水冲刷或者缺少矿物质
de dì dài zài zhè yàng de huán jìng zhōng zhí wù jiù zài chóng zi shēn shang huò dé shēng zhǎng suǒ xū yào de
的地带，在这样的环境中，植物就在虫子身上获得生长所需要的
yǎng liào
养料。

瓶子草

捕蝇草

73

寄生植物

植物界存在着这样一批寄生者，它们从不制造或很少制造养料，却从另一些植物身上吸取营养，过着不劳而获的生活，这种植物被人们称作寄生植物。

寄生方式

大多数寄生植物利用它们特殊的根从寄生的植物体中吸收水分和营养，或从空气中吸收水汽。

▲ 菟丝子

菟丝子

菟丝子喜欢寄生在农作物上，一旦遇到合适的寄主，它的茎便会迅速缠绕上去，然后顺着寄主茎干向上爬，并从茎中长出一个个小吸盘，伸入到植物茎内，吮吸里面的养分。

★ 寄生分类

根据对植物的依赖程度不同，寄生植物可分为两类，一类是半寄生种子植物，另一类是全寄生种子植物。

桑寄生对空气的污染极为敏感，可以成为一种环境指示植物。

小档案

桑寄生一般寄生在桑树、栎树、柳树、苹果树等树木上，从寄主树干中吸取水分和无机盐。

★ 列当

列当靠吸收别的植物的养分和水分来生长，它的种子可以借风雨、人畜、农具等在寄主种子中传播，烟草、番茄、辣椒、马铃薯、蚕豆、花生、向日葵等植物都是它寄生的对象。

★ 沙漠中的锁阳

中国内蒙古地区的沙漠里生长着一种著名的药用植物——锁阳。锁阳喜欢寄生在固沙植物白刺的根上，寿命很长，把它放在室内保存12年后，仍有寄生的本领。

列当

胎生植物

自然界有一种奇特的胎生植物，它的种子成熟以后直接在果实里发芽，吸取母树里的养料，长成一棵幼苗，然后才脱离母树独立生活。

秋茄树

秋茄树的种子成熟后，几乎没有休眠期，就在果实中萌发了。当幼苗长到大约30厘米左右时，就从子叶的地方脱落，离开了母体，成为一棵新植物。

← 胎生的红树

漂泊的红树苗

如果红树的胎苗下坠时正逢涨潮，胎苗就有可能被海水冲走，随波涛而漂向别处。这些远游的胎苗不会被海水淹死，可以长期在海上漂浮，遇到合适的海滩，就会扎下根来。

★ 佛手瓜

佛手瓜清脆多汁，味美可口。佛手瓜的种子无休眠期，成熟后如果不及时采收，很快就会在瓜中萌发。所以"胎萌"是佛手瓜的一大特点。

▶ 颜色翠绿的佛手瓜

小档案

红树林的支柱根能保护海岸免受风浪的侵蚀，因此红树林又被称为"海岸卫士"。

★ 特殊的红树果实

红树果实成熟时，里面的种子就开始萌发，从母体吸收养分后长成胎苗。胎苗长到约30厘米时，就会脱离母体，掉入海滩的淤泥之中。几个小时之后，这些胎苗就能在新的环境当中长出新根。

⬆ 生长在水边的红树，与周围的其他景色一起构成了一幅优美的画面。

攀援植物

有些植物的茎被人们称为攀援茎，是因为它们的茎过于纤细而无法直立，只好依赖其他物体作为支柱，这些植物的茎都有一套特殊的"攀登"装置。

缠绕茎

攀援茎也叫缠绕茎，例如我们常见的牵牛花，喜欢一圈圈地缠绕着竹竿向上爬，如果失去了支撑就无法长好。

牵牛花

爬山虎

攀援植物能够抓着东西向上爬，其中最著名的就是爬山虎了。爬山虎之所以会"爬"，是因为它长有卷须和有力的黏性吸盘，不论岩石、墙壁还是树木，都能吸附攀援。

爬山虎

紫藤

紫藤又叫藤萝、朱藤，是优良的观花藤本植物。紫藤开花后会结出形如豆荚的果实，悬挂枝间，别有情趣。

小档案

爬山虎一碰到墙壁，就会攀援上去，无论表面多么光滑，它都能牢牢地吸在上面。

丝瓜

丝瓜

丝瓜的根系发达，吸收能力强，喜欢较高的温度。丝瓜含有丰富的营养物质，对人类的身体健康有很大的好处，所以人们广泛地种植它。

有毒的植物

植物除了美化环境，供人食用外，还是重要的工业原料。但植物的化学成分非常复杂，其中有些有毒的物质，有可能会引起人类的疾病，甚至危及生命。

夹竹桃

夹竹桃在夏天开花，花色为桃红色或白色，远远望去，花团锦簇，美丽异常。它的树皮、树叶和花均有毒，误食后会引起恶心和眼花。

相思豆

美丽的相思豆

相思豆就是我们常说的红豆，它在春夏开花，种子米红色，根、叶、种子均有毒，其中种子的毒性最强。

花色艳丽的夹竹桃

★ 毒物曼陀罗

曼陀罗花的颜色很多，花朵为筒状，花冠是漏斗形的，像一只小喇叭。可是，这种美丽的植物全身都有毒，尤其是它的种子，毒性最强，不小心碰到它们就会引起中毒。

▲ 曼陀罗

小档案

番木鳖虽然有毒，但是如果运用得当的话，还是一味药材。

★ "蜇人"的荨麻

荨麻的茎秆、叶柄甚至叶脉上都长满了含有剧毒的刺，如果不小心碰到了这种植物，刺上的毒液就会注入人体，造成人体长时间的剧烈疼痛，就像被蝎子蜇过一样难受。

★ "有毒植物之王"

罂粟是一种艳丽的有毒植物，它开红色的花，却有着黑色的花蕊。罂粟未成熟的果实中有一种与众不同的乳汁，割取干燥后就是"鸦片"，是一种毒源植物。所以，罂粟也被称为"有毒植物之王"。

▲ 罂粟

珍稀植物

世界上有些植物的数量非常稀少，因而特别珍贵，还有些植物，因为外界的破坏或自身的弱点，正面临着灭绝的危险。所有这些植物都可以称为"珍稀植物"。

"茶族皇后"

金茶花是一种古老的植物，全世界 90% 的野生金茶花都分布于我国广西的大山中。以金茶花为原料制成的茶叶叫做金花茶，它被荣称为"茶族皇后"。

➤ 珙桐

罕见的珙桐

珙桐是一种高大的落叶树，它只生长在中国云南等省的原始森林中，极为珍稀罕见，被列为我国一级保护植物。

高大的望天树

望天树是热带雨林中最高的树木，因为它结的果实很少，再加上病虫害导致的落果现象十分严重，所以野外数量十分稀少，现已被列为国家一级保护植物。

▶ 望天树

◀ 银杉

小档案

素有植物活化石之称的水杉是中国特产的孑遗珍贵树种。

植物界的"国宝"

银杉是300万年前第四纪冰川后残留至今的植物，也是中国特有的世界珍稀物种，和水杉、银杏一起被誉为植物界的"国宝"。

植物的敌与友

植物和植物之间存在着相互制约的关系，所以它们也要选择适合生长需要的植物相邻而居；否则，不但会你争我抢，还会影响生长呢！

← 蓖麻

互相帮助

洋葱和胡萝卜能散发出特殊的气味，把对方的害虫赶走。蓖麻散发出的气味能使危害大豆的金龟子望而却步。在种过冬小麦的地里播种豌豆、棉花，可以让它们结更多的果实呢！

小档案

在果园中，如果苹果树和核桃树生长在一起，那么谁也不会结出果实来。

▲ 棉花

植物间的"交流"

植物和邻居之间的感情与它们分泌的化学物质有关，有的植物需要这些"气味"，有的植物害怕这些"气味"，所以会相生相克。

互相伤害

丁香花和水仙花不能生长在一起，因为丁香花的香气对水仙的危害很大。小麦、玉米、向日葵如果和白花草、木樨生长在一起，它们将不再结种子。

▲ 水仙花

植物的动物朋友

wù huì yù dào xǔ duō dòng wù dí rén de xí jī　　dàn shì yě yǒu bù shǎo kě kào
植物会遇到许多动物敌人的袭击，但是也有不少可靠
de dòng wù péng you　　tā men zài yī qǐ xiāng hù yī cún　　bù lí bú qì　　lì
的动物朋友，它们在一起相互依存，不离不弃，例
rú néng wèi zhí wù chuán fěn de kūn chóng　　jiù shì hěn duō kāi huā zhí wù de hǎo péng you
如能为植物传粉的昆虫，就是很多开花植物的好朋友。

身边的动物朋友

chú le yì xiē zhí wù yǒu tè shū de dòng wù péng you wài　　wǒ men zhōu wéi hái shēng huó zhe hǎo duō
除了一些植物有特殊的动物朋友外，我们周围还生活着好多
dòng wù péng you　　rú mì fēng　　táng láng　　qīng tíng　　qīng wā yǐ jí gè zhǒng niǎo　　tā men xiāo miè hài
动物朋友，如蜜蜂、螳螂、蜻蜓、青蛙以及各种鸟，它们消灭害
chóng　　bǎo hù zhuāng jia　　bù jǐn shì zhí wù de zhōng shí wèi shì　　yě shì wǒ men rén lèi de hǎo péng you
虫，保护庄稼，不仅是植物的忠实卫士，也是我们人类的好朋友。

◀ 麻雀经常消灭害虫，在菜园、果园、花园及房屋附近，麻雀捕食甲虫、象鼻虫、蚂蚁、臭虫、苍蝇及蝴蝶，是有益处的；在秋、冬两季，麻雀吃杂草种子，对除莠有好处。

小档案

墨西哥的线兰蛾和线兰是一对生死与共的好朋友，它们互相帮助，关系密切。

◀ 螳螂

🍁 金钗石斛

🍁 鼯鼠和金钗石斛

zài hú běi shén nóng jià zì rán bǎo hù qū yǒu yí duì shēng sǐ
在湖北神农架自然保护区，有一对生死

xiāng jiāo de péng you tā men shì shàn yú huá xiáng de wú shǔ hé zhēn guì
相交的朋友，它们是善于滑翔的鼯鼠和珍贵

de yào cái zhí wù jīn chāi shí hú
的药材植物金钗石斛。

→ 鼯鼠也称飞鼠或飞虎，是松鼠科下的一个族，称为鼯鼠族。它的飞膜可以帮助它在树中间快速滑行，但它没有像鸟类那样可以产生阻力的器官，因此只能在树间滑翔。

🍁 蚁栖树

益蚁和蚁栖树

gāo dà de yǐ qī shù hé yì yǐ shì hěn
高大的蚁栖树和益蚁是很

yào hǎo de péng you píng shí yì yǐ zhù zài
要好的朋友，平时，益蚁住在

yǐ qī shù de kōng xīn jīng gàn nèi yí dàn yù
蚁栖树的空心茎干内，一旦遇

dào niè yè yǐ qián lái tōu chī yè zi yì yǐ
到啮叶蚁前来偷吃叶子，益蚁

jiù quán bù chū dòng zhí dào bǎ rù qīn zhě gǎn
就全部出动，直到把入侵者赶

zǒu wéi zhǐ
走为止。

粮食作物

粮食作物与人类的生存最为密切，是人类主要的食物来源。主要的粮食植物包括小麦、水稻、玉米、燕麦、黑麦、大麦、粟、高粱和青稞等。

水稻

水稻所结的稻粒去壳后，称为大米。世界上近一半人口，都以大米为食。水稻除可食用外，还可以酿酒、制糖作工业原料，稻壳、稻秆也有很多用处。

小档案

袁隆平对杂交水稻的研究作出了巨大贡献，被誉为"杂交水稻之父"。

△ 水稻

玉米

yù mǐ qǐ yuán yú měi zhōu shǔ yú sì
玉米起源于美洲，属于饲
liào nóng zuò wù xiāng duì yú qí tā zhǒng lèi
料农作物。相对于其他种类
de nóng zuò wù lái shuō yù mǐ de yíng yǎng hán
的农作物来说，玉米的营养含
liàng bǐ jiào dī suǒ yǐ duō yòng tā lái zuò sì
量比较低，所以多用它来作饲
liào dàn zài xǔ duō dì qū yě jiāng tā zuò wéi
料，但在许多地区也将它作为
zhǔ shí chú shí yòng wài yù mǐ yě shì gōng
主食。除食用外，玉米也是工
yè jiǔ jīng hé shāo jiǔ de zhǔ yào yuán liào
业酒精和烧酒的主要原料。

成长中的玉米

小麦

xiǎo mài shì yī zhǒng wēn dài cháng rì zhào zhí wù gēn jù duì wēn dù de yāo qiú bù tóng kě bǎ xiǎo
小麦是一种温带长日照植物，根据对温度的要求不同，可把小
mài fēn wéi dōng xiǎo mài hé chūn xiǎo mài liǎng zhǒng lèi xíng bù tóng dì qū zhòng zhí bù tóng lèi xíng yóu xiǎo mài
麦分为冬小麦和春小麦两种类型，不同地区种植不同类型。由小麦
mó chéng de miàn fěn chú gōng rén lèi shí yòng wài jiā gōng hòu de fù chǎn pǐn hái shì shēng chù de yōu zhì sì liào
磨成的面粉除供人类食用外，加工后的副产品还是牲畜的优质饲料。

即将成熟的小麦

豆类植物

豆类的营养价值非常高，富含蛋白质、无机盐和维生素等。我国传统饮食讲究"五谷宜为养，失豆则不良"，意思是五谷有营养，但没有豆子就会失去平衡。

▲ 成熟期等待人们收割的大豆

豆类植物分类

豆类植物包括各种豆科植物的可食种子。总的来说，可食用的豆类包括大豆、豌豆、蚕豆、豇豆、绿豆、小豆、苦豆等；可作饲料的豆类有紫云英、苜蓿、蚕豆、翘摇等。

高营养

每天坚持食用豆类食品，人体就可以减少脂肪含量，增强免疫力，降低患病的几率。因此，很多营养学家都呼吁用豆类食品代替一定量的肉类等动物性食品。

大豆

大豆是一年生草本植物，原产我国，形状一般呈椭圆形和球形，颜色有黄色、绿色、黑色等。大豆最常用来做各种豆制品，还可压豆油、炼酱油和提炼蛋白质。

收获后的黄豆

小档案

黑豆有乌发的作用，多食可增强体质，抗衰老，令头发乌黑亮丽。

蚕豆

蚕豆起源于西南亚和北非，相传西汉张骞出使西域后将蚕豆引入中国。蚕豆在我国各地都有种植，主要用于稻、麦田套种和中耕作物行间间种，它青嫩的荚果既可以作蔬菜又可食用其种子。

豌豆

豌豆适应性很强，在全世界广泛分布。豌豆既可作蔬菜炒食，果实成熟后又可磨成豌豆面粉食用。因豌豆豆粒圆润鲜绿，十分好看，也常被用来作为配菜，以增加菜肴的色彩，增进食欲。

豌豆

植物天地

油料植物

油 shì wǒ men zài pēng rèn shí wù shí bì bù kě shǎo de yì zhǒng zuǒ liào tā zhǔ yào
是我们在烹饪食物时必不可少的一种佐料，它主要
lái zì yóu liào zhí wù néng gòu zhà yóu de zhí wù hěn duō bǐ rú dà dòu
来自油料植物。能够榨油的植物很多，比如大豆、
yóu cài huā shēng zhī ma xiàng rì kuí yóu gǎn lǎn děng
油菜、花生、芝麻、向日葵、油橄榄等。

蓖麻

bì má shì yì zhǒng yóu liào zuò wù tā de zhǒng zi hán yóu lǜ shì qí tā yóu liào zuò wù suǒ bù
蓖麻是一种油料作物，它的种子含油率是其他油料作物所不
néng jí de jǐn guǎn hán yóu liàng kě guān bì má yóu què bù néng shí yòng zhè zhǒng yóu jīng jì jià zhí
能及的。尽管含油量可观，蓖麻油却不能食用。这种油经济价值
gāo zài yī yào shang cháng yòng zuò xiè yào gōng yè shang zuò rùn huá yóu
高，在医药上常用作泻药，工业上作润滑油。

◀ 向日葵

向日葵

xiàng rì kuí
向日葵
shì shì jiè sì dà yóu
是世界四大油
liào zuò wù zhī yī
料作物之一，
tā de zhǒng zi fù hán
它的种子富含
yóu zhī shì yì zhǒng
油脂，是一种
jí fù bǎo jiàn zuò yòng
极富保健作用
de shí yòng yóu
的食用油。

92

花生油

huā shēng shì wǒ guó zuì zhòng yào de yóu liào zuò wù
花生是我国最重要的油料作物
zhī yī   tā de zhǒng rén nèi hán yǒu dà liàng de zhī fáng hé
之一，它的种仁内含有大量的脂肪和
dàn bái zhì   zài zhí wù yóu zhōng huā shēng yóu pǐn zhì zuì
蛋白质。在植物油中，花生油品质最
jiā chú shí yòng wài hái yǒu duō zhǒng gōng yè yòng tú
佳，除食用外，还有多种工业用途。

◀ 花生油色泽
清亮、气味芬芳，
是一种比较容易
消化的食用油。

小档案

橄榄油是世界上
最主要的油脂之一，被
誉为"液体黄金"。

油菜

yóu cài yán sè shēn lǜ   bāng rú bái cài   zài wǒ guó nán běi guǎng wéi zāi péi   sì jì jūn yǒu gōng
油菜颜色深绿，帮如白菜，在我国南北广为栽培，四季均有供
chǎn wǒ men cháng chī de cài yóu jiù shì yòng yóu cài de zhǒng zi zhà chū lái de jiào cài zǐ yóu chú le
产。我们常吃的菜油就是用油菜的种子榨出来的，叫菜籽油。除了
shí yòng wài cài zǐ yóu zài gōng yè shang hái yǒu zhe guǎng fàn de yòng tú
食用外，菜籽油在工业上还有着广泛的用途。

⤴ 油菜花的茎、叶以及果实不仅可以食用，还是优良的植物油原料。

水果植物

水果是指多汁且有甜味的植物果实，不但含有丰富的营养，而且能够帮助人体消化。尤其是新鲜的水果，是人体维生素C的主要来源。

老少咸宜的苹果

苹果是一种常见的水果。它酸甜可口、营养丰富，而且易于吸收，可以说是老少咸宜。

← 苹果

"瓜中之王"

哈密瓜有"瓜中之王"的美称，它含糖量高，风味独特，味甘如蜜，奇香袭人，饮誉国内外。

↑ 哈密瓜又名雪瓜，是一类优良的甜瓜品种，果型圆形或卵圆形，出产于新疆。

水果皇后

lì zhī shì zhēn guì de rè dài shuǐ guǒ　gān
荔枝是珍贵的热带水果，甘
tián de guǒ ròu　 piàoliang de wài biǎo dōu shēn shòu
甜的果肉、漂亮的外表都深受
rén men de xǐ ài　 dàn shì méi yǒu jīng guò rén
人们的喜爱。但是没有经过人
gōng péi yù de yě shēng lì zhī de wèi dào què bìng
工培育的野生荔枝的味道却并
bù kě kǒu　 ér qiě guǒ shí hěn xiǎo
不可口，而且果实很小。

▲ 荔枝

西瓜

shuō qǐ shuǐ guǒ　 rén men dōu huì
说起水果，人们都会
xiǎngdào xī guā　　tā yǒu hěn duō hěn duō
想到西瓜，它有很多很多
de pǐn zhǒng　 bǎ xī guā qiē kāi　　 chú
的品种。把西瓜切开，除
le yǒu xǔ duō guā zǐ yǐ wài　　hái yǒu
了有许多瓜子以外，还有
xiān tián shuǎng kǒu de guā ráng　　 měi wèi
鲜甜爽口的瓜瓤，美味
jí le
极了。

▲ 西瓜

春天的杨梅

yáng méi shì chūn tiān
杨梅是春天
shōu huò de shuǐ guǒ　　tā de
收获的水果，它的
lǐ miàn yǒu gè yìng hé　　wài
里面有个硬核，外
miàn bāo zhe yì céng guǒ ròu
面包着一层果肉，
suān zhōng dài tián　 shēng jīn
酸中带甜，生津
zhǐ kě
止渴。

小档案

石榴与佛手、桃子
组成"三多"，象征着多
子、多福与多寿。

▲ 杨梅

蔬菜植物

蔬菜主要指供食用的柔嫩多汁的植物器官，它含有人体必需的各种维生素、矿物质和纤维素，能保持人体的健康，是人们生活中不可缺少的营养食品。

胡萝卜

胡萝卜是一种营养价值很高的蔬菜，富含多种维生素和丰富的胡萝卜素，除了当蔬菜食用以外，它还可做成果菜汁，是清凉营养的饮料。

→胡萝卜

↑南瓜

南瓜

南瓜属于葫芦科南瓜属的植物，原产于北美洲。南瓜营养丰富，除了有较高的食用价值，还有着不可忽视的食疗作用。

★ "蔬菜中的水果"

xī hóng shì yě chēng fān qié   bèi rén
西红柿也称番茄，被人

men měi yù wéi   shū cài zhōng de shuǐ guǒ
们美誉为"蔬菜中的水果"。

xī hóng shì suān tián kě kǒu   fù hán fēng fù
西红柿酸甜可口，富含丰富

de wéi shēng sù   kě shēng chī   kě chǎo
的维生素，可生吃、可炒

cài   kě zhà zhī   kě zuò jiàng   yòng tú
菜、可榨汁、可做酱，用途

xiāng dāng guǎng fàn
相当广泛。

▲ 西红柿

小档案

发了芽的马铃薯
里有一种叫龙葵素的
毒素，对人体有害，所
以千万不能吃。

★ 生菜

shēng cài yòu míng yè yòng wō jù   yīn wèi néng shēng chī ér dé
生菜又名叶用莴苣，因为能生吃而得

míng   yuán chǎn yú dì zhōng hǎi yán àn   yīn wèi tā néng shēng shí
名，原产于地中海沿岸。因为它能生食、

chǎo shí huò shuàn huǒ guō   cuì nèn wú bǐ   xiān měi kě kǒu   jù yǒu
炒食或涮火锅，脆嫩无比，鲜美可口，具有

shí yòng bǎo jiàn jià zhí   suǒ yǐ pō shòu xiāo fèi zhě de qīng lài
食用保健价值，所以颇受消费者的青睐。

▲ 生菜

调味植物

调料是烹调食物时用来调味的物品，正是有了它们，食品的味道才会变得更加丰富。调味品多数取自不同植物的不同部分，包括果实、根、干、花甚至种子。

花椒

花椒

花椒是花椒树的果实，是中国特有的香料，因而花椒有"中国调料"之称。它的气味芳香，吃起来有些麻酥酥、热腾腾的味觉刺激，可以去除各种肉类的腥膻之气，改变口感，能促进唾液分泌，增进食欲。

辣椒

辣椒

辣椒的果实未成熟时呈绿色，成熟后变成鲜红色、黄色或紫色。辣椒因含有辣椒素而有辣味，能增进食欲，是深受人们喜爱的一种调味品和蔬菜。

▲ 姜

姜

yòng jiāng zhì chū de tiáo wèi liào xīn
用姜制出的调味料辛
là xiāng wèi jiào zhòng zài cài yáo zhōng jì
辣香味较重，在菜肴中既
kě zuò tiáo wèi pǐn yòu kě zuò cài yáo
可作调味品，又可作菜肴
de pèi liào shēng jiāng hái kě yǐ gān shí
的配料，生姜还可以干食
huò zhě mó chéng jiāng fěn shí yòng
或者磨成姜粉食用。

小档案

花椒树属于落叶
灌木，它的果实是一种
常见的调料。

大葱

dà cōng shì rén men zuì cháng shí yòng de tiáo wèi pǐn zhī yī
大葱是人们最常食用的调味品之一，
kě yǐ shēng chī yě kě liáng bàn dāng xiǎo cài shí yòng zuò wéi tiáo
可以生吃，也可凉拌当小菜食用。作为调
liào dà cōng néng qǐ dào zēng wèi zēng xiāng zuò yòng
料，大葱能起到增味增香作用。

大蒜

dà suàn de dì xià lín jīng wèi
大蒜的地下鳞茎味
dào xīn là yǒu cì jī xìng qì wèi
道辛辣，有刺激性气味，
shì yì zhǒng cháng jiàn de pēng tiáo zuǒ
是一种常见的烹调佐
liào cǐ wài yīn wèi
料。此外，因为
dà suàn hán yǒu dà suàn sù
大蒜含有大蒜素，
jù yǒu shā jūn hé yì zhì
具有杀菌和抑制
xì jūn de zuò yòng suǒ
细菌的作用，所
yǐ hái kě yǐ rù yào
以还可以入药。

▲ 大葱

▲ 大蒜

饮料植物

饮料植物指的是经加工或发酵能够制成饮料制品的植物。发源于不同地区的茶、咖啡和可可并称为"世界三大饮料植物"。

浓郁的茶香

茶属于常绿灌木或小乔木植物,茶叶就是用茶树的嫩叶做成的。茶水具有解毒和消除疲劳的作用,深受人们的喜爱。

我国江南一带的丘陵地区有成片成片的茶园,每到采茶季节,茶农们就会带着采茶工具到茶园里采茶。

"饮料之王"咖啡

kā fēi shù kāi bái sè de huā　　guǒ shí chéng shú hòu chéng zǐ hóng huò
咖啡树开白色的花，果实成熟后呈紫红或

xiān hóng sè　　bǎ kā fēi shù de guǒ shí cǎi shōu hòu　　qù diào guǒ ròu
鲜红色。把咖啡树的果实采收后，去掉果肉，

jiù shì néng gòu jiā gōng chéng xiāng nóng kā fēi de kā fēi dòu　　hē kā fēi
就是能够加工成香浓咖啡的咖啡豆。喝咖啡

yǒu cù jìn xiāo huà　　tí shén xǐng nǎo de zuò yòng　　yīn ér kā fēi yě bèi
有促进消化、提神醒脑的作用，因而咖啡也被

rén men chēng wéi　　yǐn liào zhī wáng
人们称为"饮料之王"。

◀ 咖啡豆

小档案

沙棘

shā jí shì yì zhǒng yě shēng zhí wù　　tā de guǒ shí zhōng fù
沙棘是一种野生植物，它的果实中富

hán duō zhǒng wéi shēng sù　　yǐ shā jí yuán zhī wéi zhǔ yào yuán liào kě
含多种维生素。以沙棘原汁为主要原料可

yǐ zhì chéng suān tián shì kǒu　　fēng wèi dú tè de shā jí guǒ zhī yǐn liào
以制成酸甜适口，风味独特的沙棘果汁饮料。

可可

kě kě shù biàn bù rè dài cháo shī de
可可树遍布热带潮湿的

dī dì　　cháng jiàn yú gāo shù de shù yīn chù
低地，常见于高树的树阴处。

kě kě dòu chéng shú hòu　　bāo chū guǒ rén
可可豆成熟后，剥出果仁，

kě yǐ yán mó chéng kě kě fěn　　kě kě zhī
可以研磨成可可粉。可可脂

yǔ kě kě fěn zhǔ yào yòng zuò yǐn liào　　zhì
与可可粉主要用作饮料，制

zào qiǎo kè lì　　gāo diǎn jí bīng jī líng děng
造巧克力、糕点及冰激凌等

shí pǐn
食品。

◀ 可可

酿酒植物

植物的果实和种子里含有淀粉等营养成分，它们经过发酵后再加工就变成了酒。我们常喝的白酒、葡萄酒、啤酒、米酒和果酒是用不同的植物酿造而成的。

稻米

米酒的主要原料是稻米。世界上最好的米酒，是把稻米磨到原始大小的30%后，再酿造而成的，一点儿人工原料也不添加。

← 稻米

小档案

燕麦除了能够直接食用外，还是酿酒的好材料。

酿酒葡萄

葡萄是世界最古老的植物之一，按品种可分为鲜食葡萄和酿酒葡萄。用于酿酒的葡萄大约可分为白葡萄和红葡萄两种。白葡萄主要用来酿制气泡酒及白葡萄酒，红葡萄则可以酿制红葡萄酒。

↑ 葡萄酒

→ 燕麦是一种健康食品，因为它所含的水溶性纤维具有降解低密度胆固醇以及甘油三脂的功效。

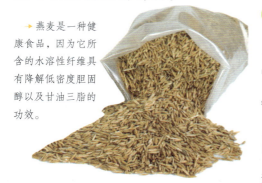

酒竹

酒竹是自然界中存在的一种能够天然造酒的植物。这种植物生长在坦桑尼亚的森林地区，它的竹液可直接当酒饮用，亦可贮存起来让它发酵。

↓ 蛇麻又音译作忽布，它的花朵能用来酿造啤酒。

啤酒花

啤酒花是一种多年生草本蔓性植物，在啤酒的酿造中有重要的作用，它可以使啤酒具有清爽的芳香气味、苦味和防腐力。同时，它还可以形成啤酒优良的泡沫，有利于麦汁的澄清。

药用植物

药用植物是指植株体的某一部分可以作药用的植物，也就是我们常说的中草药植物。在我们国家，利用中草药治疗疾病已经有数千年的历史了。

百药之王

很久以前，神农氏为采药而踏遍群山，尝遍百草。有一天，他发现了一种草药有一种甜味，于是给它起名叫甘草。甘草在医学上有很广泛的用途，所以被称为"百药之王"。

→ 甘草

小档案

我国古代有300多部关于草药的著作，记载了大量药用植物，是珍贵的典藏。

人参

药用植物中，最著名的就是人参了。要想知道人参的年龄，就要看它的根和茎相连的地方，那儿有一个长叶片的芦头，每长一岁，上面就留下一个疤节，因此，只要数一数芦头上的疤节，就能知道人参的年龄了。

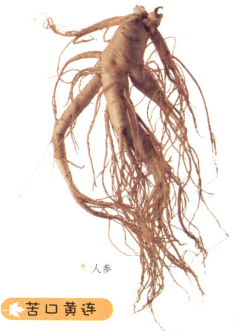

△ 人参

苦口黄连

黄连是味道极苦的一种小草。植物的药性有这样的规律，味苦的植物通常带有凉性，所以黄连对医治夏天的常见疾病有显著疗效。

△ 黄连

▽ 金银花

金银花

金银花是一种喜欢攀爬的小灌木，它的花朵很有特点，刚开放时是白色，几天后变为金黄色。这样，新花老花混合在一起，便成了金银花了。

纤维植物

我menchuān de yī fu　yòng de bù liào　dōu lí bù kāi zhí wù xiān wéi　zhè xiē
们穿的衣服，用的布料，都离不开植物纤维，这些
zhí wù xiān wéi dà duō shì cóngxiān wéi zhí wù zhōng tí qǔ de　xiān wéi zhí wù shì
植物纤维大多是从纤维植物中提取的。纤维植物是
zhǐ lì yòng qí xiān wéi zuò fǎng zhī　zào zhǐ yuán liào huò zhě shéng suǒ de zhí wù
指利用其纤维作纺织、造纸原料或者绳索的植物。

棉花

wǒ menyòng lái fǎng zhī de xiān wéi shì mián huāzhǒng zi biǎomiàn de róngmáo　róngmáo de chángduǎnbiāo zhì
我们用来纺织的纤维是棉花种子表面的绒毛，绒毛的长短标志

zhe mián huā zhì liàng de yōu liè
着棉花质量的优劣。
jīng guò jiā gōng zhī hòu　róngmáo
经过加工之后，绒毛
biàn kě cóngzhǒng zi shang tuō lí
便可从种子上脱离
xià lái rén menyòngmián huā zhī
下来。人们用棉花织
chū bái sè de mián bù　zài jīng
出白色的棉布，再经
guò rǎn sè hòu　biàn chéng wǔ
过染色后，变成五
yán liù sè de mián bù　mián bù
颜六色的棉布。棉布
zhì dì róu ruǎn　duì pí fū yǒu
质地柔软，对皮肤有
hěn hǎo de bǎo hù zuòyòng
很好的保护作用。

➤ 植物体内约有 50% 的碳以
纤维素的形式存在，棉花中的纤
维素含量更是高达90%以上。

苎麻

苎麻原产中国，是极好的织布材料。在各种麻类纤维中，苎麻纤维最长最细。它的纤维有胶质，用苎麻做成的衣服清凉舒适，深受欢迎。

▲ 在国防工业上，苎麻还可以制作降落伞、帐篷、防雨布等。

小档案

棉最有用的部分就是棉桃裂开后露出来的几团柔软的纤维。

桑树

桑树是一种常见的植物，它常常生长在山坡上，叶子很宽，人们利用它来养蚕，蚕吃了桑叶后会吐丝结茧。蚕茧经过加工以后，可以织成光滑柔软的丝绸。

见血封喉

箭毒木树又名见血封喉，是一种高大的常绿乔木，它的树皮纤维细长，强力大，容易脱胶，可以作为麻类的代用品，也可以作为人造纤维的原料。

▶ 见血封喉树

木材植物

木材植物应用广泛，人们制作坚固的房屋、家具以及车、船、桥梁等，都会用到它们。如今人们利用木材比以前少了，但还有很多地方离不开木材。

杉木

杉木属于常绿乔木，主要产于我国。杉木木材具有质地轻、木纹平直、结构细密、耐朽、易加工、不易受虫蛀等优点，是一种良好的用材树种。

← 红杉树

小档案

铁桦树的木质比普通的钢硬一倍，是世界上最硬的木材。

马尾松

马尾松别名松柏、青松，是一种重要的用材树种，松木主要供建筑、包装箱、胶合板等使用。马尾松的木材含有很高的纤维素，脱脂后是造纸和人造纤维工业的重要原料。

马尾松

毛竹

毛竹是多年生常绿树种，它生长快、产量高、材质好、用途广，在现代建筑工程中常用来搭工棚和脚手架。另外，毛竹的韧性强，纹理通直，坚硬光滑，还可以制作生活和艺术用品。

珍贵的楠木

楠木是一种极高档的木材，为我国所特有，是驰名中外的珍贵用材树种。它的颜色在浅橙黄中又略带灰意，纹理淡雅文静，质地温润柔和，若是遇上下雨，还会发出阵阵幽香。

毛竹是广泛生长于中国南方山区的经济作物，属于禾本科竹子的一种。

工业原料植物

植物不仅能够供人观赏，让人食用，还能制造成工业原料，美化我们的生活，为我们的生活带来许多便利。

毛竹

毛竹对我们人类的帮助很大，幼嫩的竹笋能做成鲜美的菜肴，竹子长大后，还可以用来制成各种竹器用品。

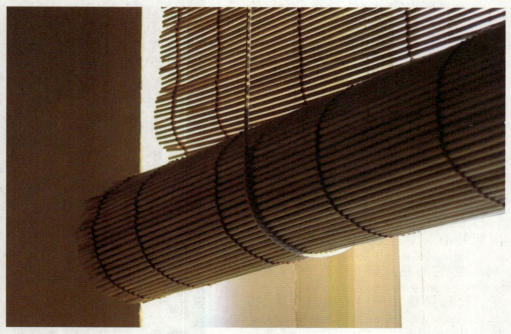

用毛竹制成的竹帘

油漆树

qī shù shì wǒ guó de tè chǎn
漆树是我国的特产，
zài tā de shù gàn li cángzhe niú nǎi shì
在它的树干里藏着牛奶似
de shù zhī yě jiàoshēng qī zhèzhǒng
的树汁，也叫生漆。这种
shēng qī yǒu xǔ duōyòng tú néng zhì zào
生漆有许多用途，能制造
chū gè zhǒngyóu qī gěi jiā jù mén
出各种油漆，给家具、门
chuāng zhuō yǐ děngchuānshàngguāng jié
窗、桌椅等穿上光洁
de yī shang
的衣裳。

▲ 油漆树

小档案

漆树体内有种奇
怪的物质，如果碰到皮
肤上，会奇痒难耐，还
会产生水疱。

橡胶树

xiàng jiāo shù shì sì jì cháng lǜ de dà shù tā zuì dà de
橡胶树是四季常绿的大树，它最大的
tè diǎn shì shù pí nèi hán yǒu fēng fù de rǔ zhī zhèzhǒng rǔ zhī
特点是树皮内含有丰富的乳汁，这种乳汁
jīng guò jiā gōnghòu biànchéngxiàng jiāo cái liào néng zhì zào chūchéngqiān
经过加工后变成橡胶材料，能制造出成千
shàngwànzhǒngxiàng jiāo chǎn pǐn lì rú wǒ menshú xī de lún tāi
上万种橡胶产品，例如我们熟悉的轮胎、
yǔ xuē jiāo xié xiàng pí děng
雨靴、胶鞋、橡皮等。

▲ 橡胶树

▲ 汽车的轮胎也是橡胶产品。

美容植物

在很早以前，人们就已经开始用植物来美容了。古埃及人甚至还将美容制品用在宗教仪式和各种隆重的典礼中。

↑ 西瓜

西瓜

西瓜不仅是一种味道鲜美的水果，还有神奇的美容效果，如果把西瓜接近瓤的部分切掉，然后用多汁的皮在脸上涂抹，可以使皮肤变得细腻洁白。

柠檬

柠檬长着紫红色的花和嫩叶，淡黄色的果实中含有丰富的维生素C和柠檬酸。柠檬汁可以保持皮肤清洁，是人们非常喜爱的美容佳品。

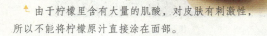

↑ 由于柠檬里含有大量的肌酸，对皮肤有刺激性，所以不能将柠檬原汁直接涂在面部。

黄瓜具有蔬菜和美容品的双重身份,被人们称为"厨房里的美容剂"。

黄瓜

wǒ men cháng cháng chī dào
我们常常吃到
de huáng guā bù jǐn shì yì zhǒng yíng
的黄瓜不仅是一种营
yǎng fēng fù de shū cài   hái kě
养丰富的蔬菜,还可
yǐ yòng lái měi róng   xīn xiān huáng
以用来美容。新鲜黄
guā zhōng hán yǒu yì zhǒng huáng guā
瓜中含有一种黄瓜
méi   néng yǒu xiào de cù jìn wǒ
酶,能有效地促进我
men shēn tǐ de xīn chén dài xiè
们身体的新陈代谢。

芦荟

lú huì yòu jiào yóu cōng   shēng zhǎng zài gān zào dì qū   bié
芦荟又叫油葱,生长在干燥地区。别
kàn lú huì bù qǐ yǎn   cóng tā men de yè zi zhōng tí qǔ de yóu
看芦荟不起眼,从它们的叶子中提取的油
zhī què kě yǐ shǐ pí fū guāng huá   lìng wài   lú huì sàn fā chū
脂却可以使皮肤光滑。另外,芦荟散发出
lái de qīng xīn qì wèi   hái kě yǐ
来的清新气味,还可以
ràng rén bǎo chí zhèn jìng
让人保持镇静。

小档案

芦荟的美容价值很高,早在古埃及的时候就被人们认识和利用了。

芦荟有狭长的披针形叶,叶子还有黄色的刺状小齿。

芳香植物

芳香植物具有香气，能够提取芳香油。此类植物种类繁多，用途广泛，深受人们的喜爱。它们的花、叶子或根富含芳香物质，能够散发出各自独特的味道。

米兰

米兰是一种芳香花卉，它四季青枝绿叶、分枝多、叶片密，开金黄色的花。米兰的花香气浓郁，可熏制花茶和提取芳香油。

洋甘菊

洋甘菊原产于欧洲，自古就被视为"神花"，虽然它的花朵不大，但却小巧精致，气味十分芳香。在罗马时期，用洋甘菊治疗蛇咬是民间的基本常识。

◀ 洋甘菊

薄荷

薄荷香气十分浓郁，可用来装点家居。薄荷产品具有特殊的芳香、辛辣感和凉感，能够杀菌抗菌，预防口腔疾病，使口气清新。

🍂 薄荷功效很多，除添加于调味品中、单独或混合其他香药草泡茶外，还可驱虫杀虫、提神解郁、消除疲劳、镇定安神、帮助睡眠、治感冒头痛、疏风发汗、散热解毒、健胃消腹胀、防腐去腥、杀菌、清新空气。

小档案

欧洲人认为百里香象征勇气，中世纪常将它赠给出征的骑士。

玫瑰

以玫瑰的花瓣、花蕾为原料开发的产品很多，玫瑰精油、玫瑰浸膏、净油、玫瑰糖等都是极名贵的天然产品。从玫瑰花中提取的香料是天然香料，有益于人的身体健康。

🔶 象征爱情的玫瑰，历来是恋人们喜爱的鲜花。

绿化植物

绿化植物在美化我们的日常环境中可谓"功不可没"，它们不仅可以美化环境，还可以陶冶人的情操，净化人的心灵，给人们带来愉悦感、镇静感和安全感。

柳树

柳树是一种随处可见的植物，尤其是生长在湖边或河堤上的柳树，每当微风轻轻拂过，它那柔韧纤细的腰肢就会随风而动，好像一根根飘拂的绿色丝带掠过水面，婀娜多姿，非常迷人，是理想的绿化植物。

🔺 河岸边的垂柳在微风的吹拂下摆动着柔软的枝条，仿佛在召唤游人过来休息乘凉。

法国梧桐

枝繁叶茂的法国梧桐是一种很常见的绿化植物。因为法国梧桐的适应性强，又耐修剪整形，所以是优良的行道树种，广泛应用于城市绿化。

▶ 法国梧桐

珊瑚树

珊瑚树的植株虽然不高，但茎生长的细而密集，形似绿色的珊瑚，异常美观。不论是装点室内，还是美化庭院，珊瑚树都是一种不错的选择。

小档案

樟树的枝叶和果实能提炼樟脑和樟油，在工业上很有用途。

池杉

防风的池杉

池杉属于落叶乔木，它的树干基部膨大，枝条向上生长，所以树冠比较狭窄，整个形状类似一个尖塔，非常优美。池杉抗风力强，是平原水网区防护林、防浪林的理想树种。

栽培植物

许多野生植物经过人工培育后，成为能适合人类需要的植物。栽培植物主要有粮食作物、纤维作物、油料作物、果树、蔬菜作物以及各种观赏的花卉等。

君子兰

原产于非洲南部森林的君子兰，是一种多年生草本植物。它的植株文雅俊秀，有君子风范，花朵雅致细腻如兰，因而得名君子兰。相信不管是赏叶还是观花，端庄大气的君子兰都不会令人失望。

🍂 君子兰

木兰

木兰原产于中国，栽培历史悠久，它具有淡紫色的树皮，淡绿色的长叶片，开乳白色的花。这种植物因为芳香、具有刺激性和滋补功能而被利用。

🍂 北美木兰

→ 美人蕉

美人蕉

měi rén jiāo yuán chǎn měi zhōu yìn
美人蕉原产美洲、印

dù mǎ lái bàn dǎo děng rè dài dì qū
度、马来半岛等热带地区，

shǔ yú duō nián shēng qiú gēn cǎo běn huā huì
属于多年生球根草本花卉。

měi rén jiāo bù jǐn zhí zhū gāo dà jiù lián
美人蕉不仅植株高大，就连

kāi de huā dōu bǐ yì bān de huā huì dà qì
开的花都比一般的花卉大气。

小档案

芝麻栽培历史悠久，一直以来都是一种重要的经济作物。

芒果

máng guǒ de guǒ shí tuǒ yuán huá rùn guǒ pí chéng
芒果的果实椭圆滑润，果皮呈

níng méng huáng sè wèi dào gān chún shì yì
柠檬黄色，味道甘醇，是一

zhōng bèi rén guǎng wéi zāi péi de shuǐ guǒ
种被人广为栽培的水果。

chú le yíng yǎng jià zhí hěn gāo wài
除了营养价值很高外，

máng guǒ hái jù yǒu jí dà de yào
芒果还具有极大的药

yòng jià zhí
用价值。

→ 芒果

甘蔗

gān zhe shì yì zhǒng cháng jiàn de shuǐ guǒ wǒ men shí yòng de bù fen qí shí shì tā de jīng gǎn gān
甘蔗是一种常见的水果，我们食用的部分其实是它的茎秆。甘

zhe jǐn mì cóng shēng yè xíng yōu měi xiàng yì bǎ bǎo jiàn yǔ yù mǐ de yè zi pō yǒu jǐ fēn xiāng sì
蔗紧密丛生，叶形优美，像一把宝剑，与玉米的叶子颇有几分相似。

观赏植物

无论是一朵好看的花，一片色彩艳丽的叶子，还是一树玲珑可爱的果实，都有可能成为植物身上最大的观赏价值。也有一些植物同时包含了几种观赏价值。

吊兰

吊兰是一种很高雅的室内观叶植物。它从叶丛中抽出细长的枝条，枝条柔韧下垂，顶端还会萌发出新的嫩叶，造型非常优美。

→ 吊兰是重要的家居装饰花卉之一。

黄杨

黄杨的枝叶繁茂，四季常青，是一种在热带和温带较常见的植物。黄杨既不开花，也不结果，是名副其实的观赏类树种，用黄杨木制成的黄杨盆景，树姿优美，造型独特，耐寒性强，可四季观赏。

→ 黄杨在园艺师的手中呈现出形状各异的景观。

葫芦

葫芦是一种爬藤植物，在温暖地区已栽培数百年。其中主要用于盆栽观赏的小葫芦长得小巧有趣，有很高的观赏价值。

→ 葫芦

小档案

丁香以其独特的味道和美丽的花朵，在观赏花木中久负盛名。

相思豆

相思豆属于园景树，而且是一种奇特的观果园景树。它的花看起来毫不起眼，却孕育出了光彩夺目的果实——鲜红欲滴的相思豆。这些果实不但供人观赏，还寓意深远，一直以来都是爱情的象征。

↑ 湖畔的樱花

樱花

樱花花色幽香艳丽，是早春重要的观花树种，常用于园林观赏。樱花盛开时节花繁艳丽，像云霞一样灿烂，非常壮观。

国花与国树

植物与人类的关系密切，有些植物开的花或者植物本身具有一定的象征意义，能够代表一个国家。那么，这种花或这种树就会被某个国家定为国花或国树。

国花和国树

世界上许多国家都有国花和国树，对花卉和树木的传统爱好和民族感情。它们反映了一个国家的人们一般一个国家会把国内最著名或最能代表本国文化和内涵的花或树定为国花或国树。

法国国花

"鸢尾"的名字来源于希腊语，是彩虹的意思，它表明天上彩虹的颜色都可以在这个属的花朵颜色中看到。法国人将香根鸢尾定为国花，这种鸢尾体大花美，婀娜多姿，非常美丽。

◀ 鸢尾

日本国花

在日本人心目中，樱花具有高雅、刚劲、清秀质朴和独立的精神，他们把代表勤劳、勇敢、智慧象征的樱花选为国花。

枫叶之国

北美洲的加拿大境内种植了很多枫树，故有"枫叶之国"的美誉。加拿大人除了将枫树作为国树外，还把枫叶作为国徽，甚至在国旗正中间也绘有一片红色的枫叶。

↟ 樱花

↟ 红枫叶

小档案

桉树是澳大利亚人最喜欢的植物之一，也是澳大利亚的国树。

123

百 合

<ruby>百<rt></rt></ruby>合外表美丽，寓意美好，是一种从古至今都备受追捧的名花。百合花姿态优美、幽香阵阵，因而被人们美誉为"云裳仙子"。

状似喇叭

百合花植株挺立，叶似翠竹，沿茎轮生，花朵形态各异，花色艳丽，形状类似一个会发出"嘟嘟"声的小喇叭。

⬆ 白百合

新娘捧花

yóu yú bǎi hé de qiú zhuàng gēn shì yóu jìn bǎi kuài lín piàn bào
由于百合的球 状 根是由近百块鳞片抱
hé ér chéng   gǔ rén shì wéi   bǎi nián hǎo hé   bǎi shì hé
合而成，古人视为"百年好合""百事合
yì   de jí zhào   suǒ yǐ lì lái xǔ duō qíng lǚ zài jǔ xíng hūn
意"的吉兆，所以历来许多情侣在举行婚
lǐ   shí dōu yào yòng bǎi hé lái zuò xīn niáng de pěng huā
礼时都要用百合来做新娘的捧花。

▲ 金百合

小档案

在中国，百合具有
百年好合、美好家庭、
伟大的爱的含意。

金百合

jīn bǎi hé   shì bǎi hé huā de yí
"金百合"是百合花的一
gè xīn pǐn zhǒng   tā dǎ pò le zhōng guó bǎi
个新品种，它打破了中国百
hé quán shì yí jīng yì duǒ   dān chún bái sè de
合全是一茎一朵、单纯白色的
xiàn zhuàng   biàn chéng le yì jīng duō duǒ   huā
现 状，变成了一茎多朵，花
sè jì yǒu jīn huáng chéng hóng hé dàn zǐ   yòu
色既有金黄、橙 红和淡紫，又
yǒu cǎi bān   tiáo wén děng qí tā tú àn yán sè
有彩斑、条纹等其他图案颜色
de xīn pǐn zhǒng
的新品种。

美丽的百合花

凄美的传说

chuán shuō xià wá hé yà dāng shòu dào shé
传说夏娃和亚当受到蛇
de yòu huò chī xià jìn guǒ   ér bèi zhú chū yī
的诱惑吃下禁果，而被逐出伊
diàn yuán   xià wá huǐ hèn zhī yú bù jīn liú xià
甸园。夏娃悔恨之余不禁流下
bēi shāng de lèi zhū   lèi shuǐ luò dì hòu jí huà
悲伤的泪珠，泪水落地后即化
chéng jié bái de bǎi hé huā
成 洁白的百合花。

125

茶 花

茶花也叫山茶花，是一种名贵的观赏植物，原产于我国。山茶的栽培历史悠久，盛栽于江浙地区，品种繁多。它们大多在2-4月间开花，花期一个月左右。

胜利之花

茶花是一种常绿灌木或小乔木，开花时色彩非常夺目，象征战斗胜利，所以被誉为胜利之花。茶花干美、枝青、叶秀，花色艳丽多彩，花姿优雅多态，气味芬芳袭人，使人观后赏心悦目，心旷神怡。

茶花是中国传统名花，世界名花之一，也是云南省省花，浙江省金华市和温州市的市花。

四色山茶花

中国盛产一种四色山茶花，可开出玫瑰红色、白色、黄色和桃红色的花。玫瑰红色的花开于树冠顶端，白色、黄色、桃红色的花分布在树冠的中下部。四色山茶花竞相怒放，相映成趣。

稀有的金花茶

金花茶是山茶花家族中唯一拥有金黄色花瓣的品种，自古有"茶花金色天下贵"的美誉。这种植物分布区域狭窄，且成活率低，是世界稀有的珍贵植物，一直被视为"植物界的大熊猫"，是国家一级保护植物。

↑ 半双花的茶花品种

小档案

金花茶以它的金黄色的花朵称雄于山茶花家族，它在冬末初春之交开花，不仅花美，花期也很长。

应用广泛

山茶花在我国已有1000多年的栽培历史，品种极多。除用于观赏外，山茶的木材细致可作雕刻，种子可榨油。此外，因它四季常青，冬季开花的特性，也可以在园林绿化方面得到广泛应用。

↑ 金花茶

→ 茶花色彩艳丽，花型秀美多样，花姿优雅多态，气味芬芳袭人，是我国南方重要的植物造景材料之一。

桂　花

每年中秋节前后，是桂花盛开的日子。这时，庭前屋后、公园绿地的桂花林就会散发出甜甜的桂花香味，使人深深地沉醉在浓郁的花香之中，流连忘返。

产地和分布

桂花树叶茂而常绿，树龄长久，芳香四溢，是我国特产的观赏花木和芳香树。桂花原产于我国西南喜马拉雅山东段，印度、尼泊尔、柬埔寨也有分布。我国桂花集中分布和栽培的地区，主要是南岭以北至秦岭、淮河以南的广大中亚热带和北亚热带地区。

桂花的花朵娇小，但芳香浓郁，在很远处就可以闻到。

生长环境

桂花在全光照的环境下，枝叶生长茂盛，开花繁密。如果是在阴处生长，可能就会枝叶稀疏、花朵稀少。

桂花糕

桂花四大品种

guì huā yóu yú jiǔ jīng rén gōng zāi péi   zì rán zá
桂花由于久经人工栽培，自然杂

jiāo hé rén gōng xuǎn zé   xíng chéng le fēng fù duō yàng de zāi
交和人工选择，形成了丰富多样的栽

péi pǐn zhǒng   dà zhì kě yǐ fēn wéi   gè pǐn zhǒng qún
培品种。大致可以分为4个品种群，

fēn bié shì jīn guì   yín guì   dān guì hé sì jì guì
分别是金桂、银桂、丹桂和四季桂。

小档案

中国有一个被称
为"桂花之乡"的地方，
它就是湖北咸宁。

绿化树木

yīn wèi guì huā duì   èr yǎng huà liú   fú huà qīng
因为桂花对二氧化硫、氟化氢

děng yǒu hài qì tǐ yǒu yí dìng de kàng xìng   suǒ yǐ rén
等有害气体有一定的抗性，所以人

men jiāng tā men zāi zhòng zài gōng kuàng qū   ràng zhè xiē huán
们将它们栽种在工矿区，让这些环

jìng wèi shì lái měi huà nà lǐ de huán jìng
境卫士来美化那里的环境。

赏桂佳节

nóng lì bā yuè shì shǎng guì de zuì jiā shí
农历八月是赏桂的最佳时

qī   guì huā hé zhōng qiū de míng yuè zì gǔ jiù
期，桂花和中秋的明月自古就

hé zhōng guó rén de wén huà shēng huó lián xì zài yì
和中国人的文化生活联系在一

qǐ   xǔ duō shī rén bǎ tā jiā yǐ shén huà
起。许多诗人把它加以神化，

wú gāng fá guì děng yuè gōng xì liè shén huà   yǐ
吴刚伐桂等月宫系列神话，已

chéng wéi lì dài kuài zhì rén kǒu de měi tán
成为历代脍炙人口的美谈。

桂花

荷 花

荷花也叫莲花或者水芙蓉，以中国传统十大名花之一著称于世。荷花花色艳丽，枝干亭亭玉立，远远望去，就像一个个立于水中的仙子。

雨中的荷叶

荷花圆形的叶子比较大，直径可达70厘米，有十几条辐射状的叶脉。雨水落在荷叶上时，会立即凝聚成大大小小的水珠，随风滚动，美丽非凡。

荷花是友谊的象征，中国古代就有春天折梅赠远、秋天采莲怀人的传统。

美丽的花儿

出淤泥而不染

在佛教中，出淤泥而不染的荷花被视为是报身佛所居之"净土"，所以佛教中的释迦牟尼和观世音菩萨的形象都是坐在莲花之上的。

◀ 荷花是圣洁的代表，更是佛教神圣洁净的象征。

小档案

荷花的种子叫莲子，它的寿命长，可以存活上千年。

食用类荷花

食用类荷花包括藕莲和子莲两类。其中，藕莲的植株高大，不开花或少开花，以食用粗壮的根状茎为主；而子莲根状茎不发达，以食用莲子为主。

◀ 荷花的根茎就是藕，横生于水底淤泥中，可以食用。

江南荷花节

在江南民间，人们把农历的6月24日作为荷花的生日，每到那一天，人们就结伴前往种植荷花的景点观荷，称为"荷花节日"。

◀ 莲蓬是莲花的果实，晒干后可以用于插花。莲蓬孔洞内的小坚果就是莲子。

131

菊 花

<ruby>菊<rt></rt></ruby><ruby>花<rt>huā</rt></ruby><ruby>是<rt>shì</rt></ruby><ruby>中<rt>zhōng</rt></ruby><ruby>国<rt>guó</rt></ruby><ruby>传<rt>chuán</rt></ruby><ruby>统<rt>tǒng</rt></ruby><ruby>名<rt>míng</rt></ruby><ruby>花<rt>huā</rt></ruby>，<ruby>在<rt>zài</rt></ruby><ruby>中<rt>zhōng</rt></ruby><ruby>国<rt>guó</rt></ruby><ruby>已<rt>yǐ</rt></ruby><ruby>有<rt>yǒu</rt></ruby> 3 000 <ruby>多<rt>duō</rt></ruby><ruby>年<rt>nián</rt></ruby><ruby>的<rt>de</rt></ruby><ruby>栽<rt>zāi</rt></ruby><ruby>培<rt>péi</rt></ruby><ruby>历<rt>lì</rt></ruby><ruby>史<rt>shǐ</rt></ruby>。<ruby>因<rt>yīn</rt></ruby><ruby>为<rt>wèi</rt></ruby><ruby>盛<rt>shèng</rt></ruby><ruby>开<rt>kāi</rt></ruby><ruby>在<rt>zài</rt></ruby><ruby>百<rt>bǎi</rt></ruby><ruby>花<rt>huā</rt></ruby><ruby>凋<rt>diāo</rt></ruby><ruby>零<rt>líng</rt></ruby><ruby>的<rt>de</rt></ruby><ruby>秋<rt>qiū</rt></ruby><ruby>季<rt>jì</rt></ruby>，<ruby>菊<rt>jú</rt></ruby><ruby>花<rt>huā</rt></ruby><ruby>自<rt>zì</rt></ruby><ruby>古<rt>gǔ</rt></ruby><ruby>以<rt>yǐ</rt></ruby><ruby>来<rt>lái</rt></ruby><ruby>便<rt>biàn</rt></ruby><ruby>被<rt>bèi</rt></ruby><ruby>视<rt>shì</rt></ruby><ruby>为<rt>wéi</rt></ruby><ruby>高<rt>gāo</rt></ruby><ruby>风<rt>fēng</rt></ruby><ruby>亮<rt>liàng</rt></ruby><ruby>节<rt>jié</rt></ruby>、<ruby>清<rt>qīng</rt></ruby><ruby>雅<rt>yǎ</rt></ruby><ruby>洁<rt>jié</rt></ruby><ruby>身<rt>shēn</rt></ruby><ruby>的<rt>de</rt></ruby><ruby>象<rt>xiàng</rt></ruby><ruby>征<rt>zhēng</rt></ruby>。

种类繁多

<ruby>菊<rt>jú</rt></ruby><ruby>花<rt>huā</rt></ruby><ruby>品<rt>pǐn</rt></ruby><ruby>种<rt>zhǒng</rt></ruby><ruby>繁<rt>fán</rt></ruby><ruby>多<rt>duō</rt></ruby>，<ruby>中<rt>zhōng</rt></ruby><ruby>国<rt>guó</rt></ruby><ruby>目<rt>mù</rt></ruby><ruby>前<rt>qián</rt></ruby><ruby>拥<rt>yōng</rt></ruby><ruby>有<rt>yǒu</rt></ruby> 3 000 <ruby>多<rt>duō</rt></ruby><ruby>个<rt>gè</rt></ruby><ruby>菊<rt>jú</rt></ruby><ruby>花<rt>huā</rt></ruby><ruby>品<rt>pǐn</rt></ruby><ruby>种<rt>zhǒng</rt></ruby>。<ruby>从<rt>cóng</rt></ruby><ruby>其<rt>qí</rt></ruby><ruby>花<rt>huā</rt></ruby><ruby>色<rt>sè</rt></ruby><ruby>上<rt>shang</rt></ruby><ruby>分<rt>fēn</rt></ruby><ruby>有<rt>yǒu</rt></ruby><ruby>黄<rt>huáng</rt></ruby>、<ruby>白<rt>bái</rt></ruby>、<ruby>紫<rt>zǐ</rt></ruby>、<ruby>绿<rt>lǜ</rt></ruby><ruby>等<rt>děng</rt></ruby><ruby>色<rt>sè</rt></ruby>，<ruby>并<rt>bìng</rt></ruby><ruby>有<rt>yǒu</rt></ruby><ruby>双<rt>shuāng</rt></ruby><ruby>色<rt>sè</rt></ruby><ruby>种<rt>zhǒng</rt></ruby>；<ruby>从<rt>cóng</rt></ruby><ruby>花<rt>huā</rt></ruby><ruby>形<rt>xíng</rt></ruby><ruby>上<rt>shang</rt></ruby><ruby>分<rt>fēn</rt></ruby><ruby>有<rt>yǒu</rt></ruby><ruby>单<rt>dān</rt></ruby><ruby>瓣<rt>bàn</rt></ruby>、<ruby>复<rt>fù</rt></ruby><ruby>瓣<rt>bàn</rt></ruby>、<ruby>扁<rt>biǎn</rt></ruby><ruby>球<rt>qiú</rt></ruby>、<ruby>球<rt>qiú</rt></ruby><ruby>形<rt>xíng</rt></ruby>、<ruby>外<rt>wài</rt></ruby><ruby>翻<rt>fān</rt></ruby>、<ruby>龙<rt>lóng</rt></ruby><ruby>爪<rt>zhǎo</rt></ruby>、<ruby>毛<rt>máo</rt></ruby><ruby>刺<rt>cì</rt></ruby>、<ruby>松<rt>sōng</rt></ruby><ruby>针<rt>zhēn</rt></ruby><ruby>等<rt>děng</rt></ruby><ruby>形<rt>xíng</rt></ruby>。

金背大红

<ruby>金<rt>jīn</rt></ruby><ruby>背<rt>bèi</rt></ruby><ruby>大<rt>dà</rt></ruby><ruby>红<rt>hóng</rt></ruby><ruby>是<rt>shì</rt></ruby><ruby>一<rt>yì</rt></ruby><ruby>种<rt>zhǒng</rt></ruby><ruby>名<rt>míng</rt></ruby><ruby>贵<rt>guì</rt></ruby><ruby>的<rt>de</rt></ruby><ruby>品<rt>pǐn</rt></ruby><ruby>种<rt>zhǒng</rt></ruby><ruby>菊<rt>jú</rt></ruby>，<ruby>属<rt>shǔ</rt></ruby><ruby>于<rt>yú</rt></ruby><ruby>平<rt>píng</rt></ruby><ruby>瓣<rt>bàn</rt></ruby><ruby>类<rt>lèi</rt></ruby><ruby>型<rt>xíng</rt></ruby>，<ruby>因<rt>yīn</rt></ruby><ruby>花<rt>huā</rt></ruby><ruby>正<rt>zhèng</rt></ruby><ruby>面<rt>miàn</rt></ruby><ruby>是<rt>shì</rt></ruby><ruby>大<rt>dà</rt></ruby><ruby>红<rt>hóng</rt></ruby><ruby>色<rt>sè</rt></ruby>，<ruby>背<rt>bèi</rt></ruby><ruby>面<rt>miàn</rt></ruby><ruby>呈<rt>chéng</rt></ruby><ruby>金<rt>jīn</rt></ruby><ruby>黄<rt>huáng</rt></ruby><ruby>色<rt>sè</rt></ruby><ruby>而<rt>ér</rt></ruby><ruby>得<rt>dé</rt></ruby><ruby>此<rt>cǐ</rt></ruby><ruby>名<rt>míng</rt></ruby>。<ruby>这<rt>zhè</rt></ruby><ruby>个<rt>gè</rt></ruby><ruby>品<rt>pǐn</rt></ruby><ruby>种<rt>zhǒng</rt></ruby><ruby>的<rt>de</rt></ruby><ruby>菊<rt>jú</rt></ruby><ruby>花<rt>huā</rt></ruby><ruby>整<rt>zhěng</rt></ruby><ruby>个<rt>gè</rt></ruby><ruby>花<rt>huā</rt></ruby><ruby>序<rt>xù</rt></ruby><ruby>显<rt>xiǎn</rt></ruby><ruby>示<rt>shì</rt></ruby><ruby>出<rt>chū</rt></ruby><ruby>鲜<rt>xiān</rt></ruby><ruby>艳<rt>yàn</rt></ruby><ruby>夺<rt>duó</rt></ruby><ruby>目<rt>mù</rt></ruby><ruby>的<rt>de</rt></ruby><ruby>光<rt>guāng</rt></ruby><ruby>彩<rt>cǎi</rt></ruby>，<ruby>是<rt>shì</rt></ruby><ruby>盆<rt>pén</rt></ruby><ruby>植<rt>zhí</rt></ruby><ruby>的<rt>de</rt></ruby><ruby>佳<rt>jiā</rt></ruby><ruby>品<rt>pǐn</rt></ruby>。

太阳菊

菊花与玫瑰、剑兰、香石竹、郁金香一起并称为"世界五大鲜切花"。

菊花茶

júhuā chú kě guānshǎng wài　　yě kě dàngzuò chá lái chōngpào
菊花除可观赏外，也可当作茶来冲泡。
zhōngguó zuì chūmíng de júhuā chá zhǒng lèi zhǔ yào yǒu　huángshān de
中国最出名的菊花茶种类主要有：黄山的
gòng jú　　tóngxiāng de hángbái jú yǐ jí shāndōng de yě júhuā
贡菊、桐乡的杭白菊以及山东的野菊花。

绿菊

被赋予的意义

gǔ shénhuà chuánshuō zhōng júhuā bèi
古神话传说中菊花被
fù yǔ le jí xiáng chángshòu de hán yì
赋予了吉祥、长寿的含义。
rú júhuā yǔ xǐ què zǔ hé biǎo shì jǔ
如菊花与喜鹊组合表示"举
jiā huān lè júhuā yǔ sōng shù zǔ hé
家欢乐"；菊花与松树组合
wéi yì shòu yán nián děng
为"益寿延年"等。

小档案
菊花是我国传统的常用中药材之一，有清凉镇静的功效。

名诗佳句

zhōngguó lì dài wén rén dōu xǐ huan
中国历代文人都喜欢
yǐ júhuā wéi tí cái yín shī zuò jù lì
以菊花为题材吟诗作句，例
rú zhùmíng shī rén qū yuán zài qí suǒ zhù de
如著名诗人屈原在其所著的
lí sāo zhōng jiù yǒu zhāo yǐn mù
《离骚》中就有："朝饮木
lán zhī zhuì lù xī cān qiū jú zhī luò
兰之坠露，夕餐秋菊之落
yīng zhè yàng de jiā jù
英"这样的佳句。

133

兰花

兰 花以它特有的叶、花、香，给人以极高洁、清雅的优美形象。古今名人对它评价极高，它被誉为"花中君子"，古代文人还常把美好的诗文喻为"兰章"。

美好的象征

兰花是中国传统名花，自古以来就以高雅俊秀的风姿赢得了人们的敬重，成为超凡脱俗、高雅纯洁、浩然正气的象征。

中国兰花

中国兰花主要有春兰、蕙兰、剑兰、寒兰、墨兰五大类，而园艺品种则有上千种。中国兰花中最为人们所熟知的是春兰，它品种繁多，高雅文静，其花具淡雅之香，被颂为"国香"。

← 清幽高洁的兰花

身体结构

兰花没有明显的茎，只有根茎与花茎之别。兰花的种子极为微小，细如灰尘，一般呈长纺锤形，用肉眼几乎辨认不清。兰花的根是丛生的须根系，上面没有根毛，里面贮藏着丰富的水分和养料。

蕙兰

蕙兰是兰科地生草本植物，原产于我国，是我国栽培最久和最普及的兰花之一。古代常称其为"蕙"，"蕙"指中国兰花的中心"蕙心"，蕙心就是"中国心"。

野生兰花

野生兰花生长在茂林密竹下，丛林遮挡了强烈的阳光照射，使得兰花养成了喜阴畏阳的习性。如果过分照射阳光，可能会灼伤兰叶，甚至造成兰花失水死亡。

高雅俊秀的蕙兰

玫 瑰

玫 瑰花美丽非凡，是爱情、和平、友谊、勇气和献身精神的化身，深受全世界人们的欢迎和喜爱。玫瑰花可以提取高级香料玫瑰油，有"金花"之称。

爱情的象征

玫瑰象征爱情和真挚纯洁的爱，人们多把它作为爱情的信物，是情人间首选花卉。尤其是红玫瑰，代表着热情真爱，花语是希望与你泛起激情的爱，受到人们的欢迎。

红玫瑰在婚礼时常被用于新娘的手捧花。

"玫瑰之邦"

保加利亚是世界上最大的"玫瑰"产地，素以"玫瑰之邦"而闻名。"玫瑰"也是保加利亚的国家象征，他们认为绚丽、芬芳、雅洁的玫瑰花象征着保加利亚人民的勤劳、智慧和酷爱大自然的精神。

玫瑰的生长环境

méi guì xǐ huān yáng guāng　nài hàn nài hán　shì yí shēng zhǎng
玫瑰喜欢阳光，耐旱耐寒，适宜生长

zài jiào féi wò de shā zhì tǔ rǎng zhōng
在较肥沃的沙质土壤中。

小档案

每年6月初的第一个星期日,是保加利亚的传统民族节日玫瑰节。

◀ 蓝玫瑰象征着知己,虽然蓝色的内涵有淡淡的忧伤之意,但它也代表了敦厚善良。它会使你联想到天空,那么的宽广博大,什么东西都包容得下,你可以对它吐露你的一切,它总会回报你温暖的阳光,让你满怀信心地大步前行。

蓝色妖姬

suī rán méi guì lì shǐ yōu jiǔ　pǐn zhǒng fán duō　dàn què shǐ zhōng méi yǒu chū xiàn lán méi guì de shēn
虽然玫瑰历史悠久，品种繁多，但却始终没有出现蓝玫瑰的身

yǐng　zhè shì yīn wèi méi guì huā jī yīn méi yǒu shēng chéng lán sè cuì què huā sù suǒ xū de wù zhì　jìn nián
影，这是因为玫瑰花基因没有生成蓝色翠雀花素所需的物质。近年

lái　rén men tōng guò xiāng guān jì shù　zhōng yú péi yù chū le zài guó nèi wài rè mài de　lán sè yāo jī
来，人们通过相关技术，终于培育出了在国内外热卖的"蓝色妖姬"，

cái zhōng yú mǎn zú le rén men yōng yǒu lán sè méi guī de yuàn wàng
才终于满足了人们拥有蓝色玫瑰的愿望。

◀ 玫瑰香水

玫瑰的应用

méi guì bù dàn yǒu jí hǎo de měi róng jià zhí　hái shì
玫瑰不但有极好的美容价值，还是

shì jiè shang zhù míng de xiāng jīng yuán liào　rén men duō yòng tā
世界上著名的香精原料，人们多用它

xūn chá　zhì jiǔ hé pèi zhì gè zhǒng tián pǐn
熏茶、制酒和配制各种甜品。

梅花

梅 花的树型优美，品种繁多，香味清新，仪态端庄，富有诗情画意。自古以来，中国人都爱梅、赏梅、画梅、咏梅，形成了特有的梅文化。

美好的寓意

别的花都是在春天开花，梅花却不随大流，在冬天凌寒怒放。有首古诗写道："遥知不是雪，唯有暗香来"，表现的就是梅花这种崇高的品格和坚贞的气节。

不畏严寒的梅花

梅树之美

古人认为梅以形态和姿势为第一，其中形态包括俯、仰、侧、卧、依、盼等；姿势分直立、曲屈、歪斜。梅花树皮漆黑而多糙纹，其枝虬曲苍劲嶙峋、有一种饱经沧桑、威武不屈的阳刚之美。

梅香诱人

梅花的香味别具神韵、清逸幽雅，被历代文人墨客称为"暗香"。那种香味让人难以捕捉却又时时沁人肺腑、催人欲醉。梅花盛开之时，徜徉在花丛之中，微风阵阵掠过梅林，犹如浸身香海，通体蕴香。

梅花五瓣，是五福的象征。一是快乐，二是幸运，三是长寿，四是顺利，五是我们最希望的和平。

梅花的经济价值

梅花有很大的经济价值，尤其是在园林装饰方面。在园林中如果用常绿乔木或深色建筑作背景，更可衬托出梅花的玉洁冰清之美。

小档案

人们常说的"岁寒三友"指的是梅花、松树和竹子。

上海植物园梅花盛开，吸引了大批游客。

茉 莉

<ruby>茉<rt></rt></ruby>莉原产于印度、巴基斯坦，中国早已引种，并广泛地种植。茉莉花盈白、小巧而且香气袭人，亚洲的菲律宾和印度尼西亚都把茉莉定为国花。

清雅宜人

茉莉叶色翠绿，花色洁白，香气浓郁，是最常见的芳香性盆栽花木。用它来点缀室内，清雅宜人。此外，茉莉花也象征着爱情和友谊。

洁白的茉莉花象征着爱情和友谊。

品种和分类

茉莉花大约有200个品种，主要有单瓣茉莉、双瓣茉莉和多瓣茉莉，其中双瓣茉莉是中国大面积栽培的主要品种。

▶ 清香四溢的茉莉花

生长习性

茉莉喜欢温暖湿润、通风良好的环境，尤其是在半阴环境生长的最好。大多数茉莉品种害怕严寒的天气和干旱的环境。

◀ 茉莉花茶

小档案

茉莉花茶是市场上销量最大的一个花茶种类。

茉莉花茶

茉莉花茶是将茶叶和茉莉鲜花进行拼和、窨制，使茶叶吸收花香，最终使茶香与茉莉花香融合在一起的茶。它的香气浓郁，深受人们的喜爱。

茉莉花语

茉莉花素洁、浓郁、清香，它的花语表示爱情和友谊。许多国家将其作为爱情之花，青年男女之间，互送茉莉花以表达坚贞的爱情。它也作为友谊之花，在人们中间传递。

牡 丹

牡丹在中国有"花中之王"的美誉，是天下闻名的观赏花卉。牡丹花雍容华贵、富丽端庄，而且具有浓郁的芳香，所以也号称"国色天香"。

▶ 美好的象征

由于牡丹花的花朵硕大，形态富丽堂皇，所以有人也将它称为"富贵花"。牡丹以它特有的富丽、华贵和丰茂，在中国传统意识中被视为富贵吉祥、繁荣昌盛、幸福和平的象征。

▼ 雍容华贵的牡丹

小档案

根据花瓣层次的多少，传统上将牡丹花分为单瓣(层)类、重瓣(层)类和千瓣(层)类。

牡丹品种

中国是世界牡丹的发祥地，牡丹园艺品种根据栽培地区和野生原种的不同，可分为4个牡丹品种群，即中原品种群、西北品种群、江南品种群和西南品种群。

🌼 牡丹寿命可达百年至数百年之久。

药用价值

牡丹不仅具有极高的观赏价值，同时也有药用价值和食用价值。自古以来，人们便用牡丹根皮入药，将其称为"丹皮"。丹皮具有清血、活血散淤的功效。

传奇牡丹

据古书记载，在唐代，洛阳曾有一株可以变色的牡丹，它从早晨到中午、黄昏以及入夜这一天当中，花的颜色由深红变成深碧，又变成深黄，再变成粉白。

🌼 牡丹为落叶灌木，茎是木质的，枝粗壮而繁多，这是它与芍药的重要区别之一。

杜鹃

杜鹃花是世界上著名的观赏花卉之一，有"花中西施"的美誉。每年春天，千万朵杜鹃花开遍山野，把整个山坡映得一片火红，所以又被称为"映山红"。

野花之首

杜鹃花原产我国，位居我国三大著名自然野生名花——杜鹃花、报春花、龙胆花之首，是当今世界上最著名的花卉之一。

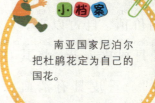

小档案

南亚国家尼泊尔把杜鹃花定为自己的国花。

漫山遍野的杜鹃花，把整个山丘装点得十分美丽迷人。

种植杜鹃

种植杜鹃花有许多讲究。杜鹃花喜通小风，通风不良时容易出现病虫害，但是如果风太大，尤其是干燥的大风和干热风，会对杜鹃花造成非常不良的影响。

▶ 美丽的杜鹃花

▲ 素雅的白杜鹃花

种类差异

杜鹃花有白杜鹃花和红杜鹃花之分，红杜鹃花有毒不能吃，但花朵鲜艳无比，可供观赏；白杜鹃花素雅大方，鲜嫩清爽，是上好的鲜花食品。我国的少数民族白族就有吃白杜鹃花的习惯。

▶ 杜鹃

美化环境

杜鹃是抗二氧化硫等污染较理想的花木，如石岩杜鹃在距二氧化硫污染源300米多的地方也能正常萌芽抽枝。

水 仙

水 仙素以幽雅、芳香而著称于世。这种花卉常用清水养植，被人赞誉为"凌波仙子"。水仙作为园艺花卉有较广的影响，因而被评为中国传统十大名花。

冬令时花

水仙是点缀元旦和春节最重要的冬令时花，象征思念，表示团圆。它通常是在浅盆中栽培，只需要适当的阳光和温度，再需要一勺清水、几粒石子，就能生根发芽。

水仙的别名很多，如天葱、雅蒜、金盏银台、玉玲珑等。

单瓣水仙

shuǐ xiān huā zhǔ yào yǒu liǎng gè pǐn zhǒng
水仙花主要有两个品种，
yī shì dān bàn huā guān sè qīng bái huā è
一是单瓣，花冠色青白，花萼
huáng sè zhōng jiān yǒu jīn sè de guān xíng rú
黄色，中间有金色的冠，形如
zhǎn zhuàng huā wèi qīngxiāng suǒ yǐ jiào yù
盏状，花味清香，所以叫"玉
tái jīn zhǎn rú guǒ zhōng jiān yǒu bái sè de
台金盏"，如果中间有白色的
guān yè zǐ shāo xì de zé chēng tā wéi
冠，叶子稍细的，则称它为
yín zhǎn yù tái
"银盏玉台"。

↑ 黄水仙是愚人节的象征，这一天美国家庭习惯用水仙花和雏菊装饰房间，组织家庭舞会。

小档案

水仙既可以盆栽也可以水养，一般家庭多用水养。

水仙的鳞茎

shuǐ xiān lín jīng chéng yuán xíng huò wēi chéng zhuī xíng wài miàn bāo
水仙鳞茎呈圆形，或微呈锥形，外面包
guǒ yì céng zōng hè sè de mó zhì wài pí shuǐ xiān de lín jīng jiāng zhī yǒu
裹一层棕褐色的膜质外皮。水仙的鳞茎浆汁有
wēi dú bù guò lǐ miàn hán yǒu de lā kě dīng kě yòng zuò wài
微毒，不过里面含有的"拉可丁"，可用作外
kē zhèn tòng jì lín jīng dǎo làn kě fū zhì yōng zhǒng
科镇痛剂，鳞茎捣烂可敷治痈肿。

重瓣水仙

shuǐ xiān de lìng yí gè pǐn zhǒng shì chóng bàn huā bàn shí yú piàn juǎn
水仙的另一个品种是重瓣，花瓣十余片卷
chéng yí cù huā guān xià duān qīng huáng ér shàng duān dàn bái míng wéi bǎi
成一簇，花冠下端轻黄而上端淡白，名为"百
yè shuǐ xiān huò chēng qí wéi yù líng lóng
叶水仙"或称其为"玉玲珑"。

↑ 水仙

薰衣草

薰衣草又名香水植物、灵香草、香草、黄香草等，原产于地中海沿岸、欧洲各地及大洋洲列岛。薰衣草在罗马时代就已是普遍的香草，被称为"香草之后"。

基本习性

薰衣草是多年生草本或小矮灌木，虽称为草，实际是一种紫蓝色小花。薰衣草的花颜色众多，我们常见的为紫蓝色，通常在6月开花。

普罗旺斯的薰衣草

说到薰衣草，人们首先会想到一个地名，那就是法国南部的普罗旺斯。这里生长着大片大片的薰衣草，置身其中，仿佛是走进了紫色的海洋，是全世界最著名的薰衣草种植地。

薰衣草是世界重要的香精原料，还是良好的蜜源植物。

花香逼人

无论什么颜色的薰衣草全株都略带木头甜味的清淡香气，这是因为它们的花、叶和茎上的绒毛均藏有油腺，只要轻轻一碰，油腺就会破裂而释放出香味，散发出无尽的花香。

薰衣草

美好的寓意

薰衣草有许多浪漫美好的寓意。它不但隐蕴着正确的生命态度，被人们视为纯洁、清净、保护、感恩与和平的象征，还寓意着"等待爱情"。

薰衣草的花

小档案

新疆的天山北麓种有大量薰衣草，是中国的薰衣草之乡。

薰衣草的价值

古罗马人和波斯人很早就懂得利用新鲜的薰衣草做芳香浴，藉以消除疲劳和酸痛。现在，人们又不断地开发出薰衣草在观赏、工艺和药用3个方面的价值，使其成为一种宝贵的植物。

玉兰

玉 兰又名白玉兰、木兰和应春花，多为落叶乔木。这种早春观花树种，以出色的外形和美好的象征意义，从很早开始便受到了人们的喜爱和推崇。

玉兰花大、洁白而芳香，因为开花时无叶，故有"木花树"之称。

国产名花

玉兰原产于长江流域，是我国著名的观赏植物和传统花卉，它树大花美，是名贵的早春花木，在中国有 2 500 年左右的栽培历史。

玉兰花朵

报春的天使

玉兰花的外形和莲花酷似。每当鲜花盛开时，花瓣展向四方，发出耀眼的白光，仿佛是报春的天使在召唤万物的苏醒，具有很高的观赏价值。

玉兰花瓣质厚而清香，可裹面油煎食用，又可糖渍，香甜可口。

冰清玉洁

yù lán huā qīng xiāng zhèn
玉兰花清香阵
zhèn qìn rén xīn pí shì yì
阵，沁人心脾，是一
zhǒng měi huà tíng yuàn de lǐ xiǎng
种美化庭院的理想
huā huì chú cǐ zhī wài yù
花卉。除此之外，玉
lán huā bīng qīng yù jié xiàng zhēng
兰花冰清玉洁，象征
zhe chún jié zhēn zhì de ài
着纯洁真挚的爱。

栽培玉兰

zāi zhí yù lán shí yí dìng yào zhǎng wò hǎo shí jī bù
栽植玉兰时，一定要掌握好时机，不
néng guò zǎo yě bù néng guò wǎn yǐ zǎo chūn fā yá qián tiān
能过早、也不能过晚，以早春发芽前10天
huò huā xiè hòu zhǎn yè qián zāi zhí zuì wéi shì yí yí zāi shí wú
或花谢后展叶前栽植最为适宜。移栽时，无
lùn miáo mù dà xiǎo gēn xū jūn xū dài zhe ní tuán hái yào jìn
论苗木大小，根须均需带着泥团，还要尽
liàng bì miǎn sǔn shāng gēn xì yǐ qiú què bǎo chéng huó
量避免损伤根系，以求确保成活。

小档案

玉兰以其雅致的形象，被我国第一大城市上海选为市花。

绿化树种

yù lán huā duì yǒu hài qì tǐ de kàng xìng jiào qiáng jù yǒu yí dìng de kàng xìng hé xī liú de néng lì
玉兰花对有害气体的抗性较强，具有一定的抗性和吸硫的能力。
yīn cǐ yù lán shì dà qì wū rǎn dì qū hěn hǎo de fáng wū rǎn lǜ huà shù zhǒng
因此，玉兰是大气污染地区很好的防污染绿化树种。

雅致的玉兰花

月　季

月季月月盛开，季季鲜花，因而被誉为"花中皇后"。它花容秀美，色彩鲜艳，婀娜多姿，芳香馥郁，是温馨、幸福的象征。

野蔷薇的变种

月季是野生蔷薇的一种，野生蔷薇经过人们长期的人工栽培和品种选育工作，最后培育出在一年中能反复开花的蔷薇，就是月季。

← 一株地被月季一年可萌生50个以上分枝，每枝可开花 50～100 朵。

香水月季

月季为常绿或落叶灌木，种类繁多。其中的大花香水月季品种众多，是现代月季的主体部分。它能在短期内反复开花，花朵开放缓慢，瓣质较厚，花梗挺直，茎刺少，适合用于鲜切花。

月季的习性

月季比较容易养植，它喜日照充足，空气流通，能避冷风、干风的环境。月季适应性强，耐寒耐旱，对土壤要求也不严。

▲ 在花卉市场上，月季与蔷薇、玫瑰三者统称为玫瑰，但三者其实有区别的。

小档案

香水月季是一个杂交品种，是月季与巨花蔷薇的混种，它能在短期内反复开花，花朵开放缓慢。

室外花朵

月季花所发散出的香味，会使个别人闻后突然感到胸闷不适、憋气与呼吸困难，所以不适宜栽种在居室里。

功能齐全

月季是一种多功能的花卉，除用于观赏、美化环境外，还有食品加工、提取香料等功效。除此之外，它的叶、花、果、种子还可治病。

▼ "花中皇后"月季

少年儿童成长百科

植物天地